Ueber den Traum.

Nach einem 1876 gehaltenen öffentlichen Vortrag

von

C. Binz,
ord. Professor der Universität Bonn.

Bonn,
bei Adolph Marcus.
1878.

INHALT.

Das Richtigste, was die Philosophie über den Schlaf gesagt hat, sind die Worte von Kant[1]:

„Der Schlaf ist, der Worterklärung nach, ein Zustand des Unvermögens eines gesunden Menschen, sich der Vorstellungen durch äussere Sinne bewusst werden zu können. Hierzu die Sacherklärung zu finden, bleibt den Physiologen überlassen, welche diese Abspannung, die doch eine Sammlung der Kräfte zu erneuerter äussern Sinnesempfindung ist (wodurch sich der Mensch gleich als neugeboren in der Welt sieht, und womit wohl ein Dritttheil unserer Lebenszeit unbewusst und unbedauert dahin geht), — wenn sie können, erklären mögen."

Die Physiologen thaten dann auch zur Zeit ihr Bestes, um auf dem dunklen Gebiete Licht zu schaffen. Durchmustern wir ihre Sacherklärungen jedoch mit dem Maassstab des heutigen Wissens und der heutigen Methode, so erweisen sie sich als ächte Producte einer durch die Speculation beherrschten Zeit: bunte und verschwommene Sätze in die Luft hineingemalt, ungestützt von festem Aufbau, der mit seinem ersten Sockel auf grobem, tragendem Erdreich gestanden hätte.

Es war das jene dürftige Periode der deutschen Naturwissenschaften, worin sie nach dem Worte Goethe's von einem bösen Geist im Kreis herumgeführt das Grün der lebendigen Anschauung nicht sahen und nicht zu suchen wussten[2]. Ich eile darum hinweg über die ersten Decennien unseres Jahrhunderts und

---

1) Antropologische Didaktik. Leipziger Ausgabe von 1838. S. 60.

2) Man vgl. Helmholtz, Das Denken in der Medicin. Berlin 1877. S. 21.

über die Versuche damaliger Physiologen, der treffenden Aufforderung Kant's nachzukommen. Erst 1840 tritt uns eine Sacherklärung entgegen, wie sie nur die ernste Einzelbeschäftigung mit der Materie als Goldkorn herauszuschürfen vermochte. Johannes Müller, der Berliner Anatom, schrieb[1]:

„Jene Art von Erregung der organischen Zustände des Gehirns, welche bei der Geistesthätigkeit stattfindet, macht allmählich das Gehirn selbst zur Fortsetzung dieser Action unfähig und erzeugt dadurch Schlaf, der hier dasselbe ist, was die Ermüdung in jedem andern Theil des Nervensystems. Das Aufhören oder die Remission der geistigen Thätigkeit im Schlafe macht aber auch eine Integration der organischen Zustände, wodurch sie wieder erregbar werden, möglich. Das Gehirn, dessen Wirkungen bei dem geistigen Leben nöthig sind, gehorcht dem allgemeinen Gesetz für alle organische Erscheinungen, dass die Lebenserscheinungen als Zustände der organischen Theile mit Veränderung ihrer Materien erfolgen."

Damit war die Theorie des Schlafes erlöst aus dem Bann abstracter Speculationen. Lernten wir an andern Theilen des menschlichen Körpers verstehen, was Ermüdung sei, so war die Brücke geschlagen für das Verständniss der Gehirnermüdung, d. i. des Schlafes. Eine Reihe von Einzeluntersuchungen liegt über diesen Gegenstand vor[2]. Noch vieles fehlt, aber das Vorhandene gibt ein Recht, die gesammelten Thatsachen in einen Rahmen zu fassen und zu sagen: Der Schlaf ist eine vorübergehende, durch mehrfache Ursachen bewirkbare Hemmung des Stoffwechsels unserer Gehirnsubstanz, auf welchem deren specifische Thätigkeit, d. i. die Wahrnehmung und die Reproduction, beruhen.

Auch die Form des Schlafes, welche uns hier beschäftigen

---

1) Physiologie. Coblenz 1840. II. 579.

2) Vgl. die Literaturangaben darüber in meiner Arbeit: „Zur Wirkungsweise schlafmachender Stoffe" im Archiv für experimentelle Pathologie und Pharmakologie. VI. 310. Leipzig 1877.

Die Lehre von der Ermüdung verdankt besonders Hrn. du Bois-Reymond ihre Grundlage.

soll, der Traum wurde von Kant mit der nämlichen Zurückhaltung berührt[1]).

„Aristoteles sagt irgendwo: Wenn wir wachen, so haben wir eine gemeinschaftliche Welt, träumen wir aber, so hat ein Jeder seine eigene. Mich dünkt, man sollte wohl den letztern Satz umkehren und sagen können: wenn von verschiedenen Menschen ein jeglicher seine eigene Welt hat, so ist zu vermuthen, dass sie träumen." Und an einer andern Stelle heisst es: „Der Verrückte ist ein Träumer im Wachen", woraus sich wohl unschwer folgern lässt, der Träumer sei ein schlafend Verrückter. Es scheint trotz aller Reserve, die Kant gegenüber der Frage nach dem Wesen des Traumes bewahrt, dass er von dieser Anschauung nicht weit entfernt stand.

Fruchtbarer als der Altmeister deutscher Philosophie waren an Untersuchungen über das Wesen des Traumes seine Nachfolger der verschiedensten Observanz. Ganze Bände sind darüber geschrieben worden. Selbst die Unsterblichkeit der Seele hat man herangezogen, um den Traum zu erklären, und wieder aus ihm heraus hat man die Existenz einer unsterblichen Seele zu beweisen gesucht. Es würde eine Aufgabe für sich sein, alles das in historischer Reihenfolge Revue passiren zu lassen; ich muss mich darauf beschränken, nur wenige der neuesten Schriftsteller vorzuführen, damit der Standpunkt markirt werde, auf dem die philosophische Forschung heute angekommen ist.

„Das Leben des Traumes" heisst ein umfangreiches vielcitirtes Werk von K. A. Scherner[2]). Gleich der erste Satz der Einleitung ist bezeichnend für den Standpunkt des Verfassers: „Ich will über die Seele forschen und Entdeckungen machen, so viel ich kann, und ich wag's! Denn mich reizt ihre schöne Gestalt und noch mehr, was dahinter verborgen liegt; und mich reizt überhaupt was verborgen ist, und ich habe eine unaussprechliche Sehnsucht danach". Solche Sehnsucht ist alt wie die Geschichte des verschleierten Bildes von Saïs und allgemein wie die Ausbreitung der Species *Homo sapiens*. Ob sie

---

1) Sämmtliche Werke. Leipzig 1867. II. 349.

2) Berlin 1861. 374 Seiten.

aber gestillt werden kann durch abstractes, poetisches Hinanstürmen an den hohen Thron wissenschaftlicher Wahrheit, der von Klippen, Gestrüpp und Sumpf umgeben ist? Die Geschichte der menschlichen Cultur sagt Nein, und so dürften denn wol auch Sätze des genannten Schriftstellers wie der folgende wenig geeignet sein, zur Klärung unseres Themas beizutragen:"

„Nun aber waltet die Seele, wenn sie schläft, nicht in den höchsten Sphären ihrer selbst, denn sie ist in den Freiheitskreisen des Geisteslebens zur Ruhe gesunken und in die Schöpfereien des eigenen thierischen und pflanzlichen Lebens hinab, sorglos sich der majestätischen Kraft ihrer Leibplastik überlassend, in den Wellungen derselben sich jäh auf und ab wiegend. Und kommt nun Bewusstsein im Schlafe zum Vorschein, was doch alle Augenblicke im Traume geschieht, so kommt es von der in die Webereien des Leiblebens tief versunkenen Seele, und es muss das Bewusstleben der Seele sich selber dem Thierischen und Pflanzlichen ähnlich gestalten, worin die Seele nun athmet und webt."

Aus drei Abschnitten besteht das Buch. Der erste behandelt das Traumleben nach seiner universalen Erscheinung, der zweite: nach seiner innern Organisation, der dritte: nach dem Reichthum seiner gesetzmässigen Bildungsformen in Gattung und Art. So heisst es in letzterem, welcher den grössten Theil des Buchs ausmacht, auf S. 254: „Die achte Hauptgruppe (Phantasieträume) bilden eine sehr zahlreiche Schaar und erfüllen den Traumsphäros mit seltsamen und wunderbaren Gestaltungen. Die Phantasie ist die blühendste Kraft des Traums und diejenige des Geistes, welche in der Nacht des Schlafes, wo die Ichspontaneität ruht, an deren Stelle waltet und schafft; nothwendig muss daher auch ihrem eminenten Leben im Traum ein grosser Reichthum von Traumbildungen, und diesem zu Grunde liegender charakteristischer Artungen entsprechen ..... Der gemeine Phantasietraum oder der Erweiterungstraum beruht auf dem unmittelbar in dem schöpferischen Wesen der Phantasie liegenden Zuge, aus sich her zu quellen und damit zu dehnen und zu erweitern. Ueberall, wo die Phantasie einen kräftigen Ansatz zur Thätigkeit macht, tritt das Erweiterungsbestreben sofort hervor; und da sie dabei immer von Nachbildern des Wirklichen auszugehen genöthigt ist, so verkörpert sich die Erweiterung in diesen selbst, und sie nehmen dadurch eine ihre Wirklichkeit weit übertreffende Grösse und damit den Charakter des Seltsamen an.“ Auf S. 322 beginnt dann die Abhandlung der Ahnungsträume. Es ist die elfte Hauptgruppe. Ihre „Ordnungen“ sind: 1) die leiblichen Ahnungsträume; 2) dieselben in die Ausdehnung des Raumes; 3) dieselben in die Zukunft; 4) die sympathischen Ahnungsträume; 5) die Willkürahnungsträume. Sie hat drei Unterordnungen, von den c) überschrieben ist: „Willkürträume durch Verstorbene gewirkt“. Das Scherner'sche Buch schliesst sich hier in seiner Betrachtungsmethode dem Geisterklopfen und Tischrücken an und endet mystisch, nachdem es phantasievoll begonnen. Reich ist es an Einzelheiten der Casuistik des Traumes.

Wesentlich anders äussert sich um die nämliche Zeit der Franzose Alfred Maury[1]). „Le rêve tient à ce que certaines parties de l'encéphale et des apparails sensoriaux restent éveillés, par suite d'une surexcitation qui s'oppose à l'engourdissement complet. Cette surexcitation, ordinairement légère, prend un caractère prononcé dans certaines melodies; de là ces rêves fatigants qui en sont les symptômes ordinaires.“ Vorher geht die philosophische Auseinandersetzung, dass die Auffassungsfähigkeit (preceptivité), das Gedächtniss, die Einbildungskraft, der Wille und das Urtheil während des Traumes ungleich entwickelt seien; „ce qui dénote des degrés divers d'activité dans telle ou telle partie des hémisphères cérébraux.“ Bald citire der Geist ihm bekannte Bilder, z. B. die Gestalt eines Freundes, aber ohne sich seines Namens zu erinnern; bald seien die Empfindungen, welche die nur zu drei Viertel erwachten Sinne uns zuführen, unvollständig wahrgenommen; wir legen ihnen eine Intensität, einen Charakter bei, die sie nicht haben. Im erstern Fall ist Atonie des Gedächtnisses vorhanden, im zweiten Schwächung der Auffassungsfähigkeit. Ein andermal ist unser

1) Le sommeil et les rêves. Paris 1861. pp. 424.

Urtheil geschwächt, ein andermal der Wille; für beide Vorkommnisse werden Beispiele angeführt.

„Au reste, l'affaiblissement dont est atteinte une faculté, et nécessairement l'organe encéphalique qui y préside, varie luimême pendant la durée du sommeil. Tel organe cérébral s'engourdit, puis commence à se réveiller pas suite d'une excitation passagère, se rendort, pour se reveiller encore, et ainsi de suite.“

Somit resultirt der Charakter des Traumes aus dem Conflict dieser ungleich bewusstlosen Gehirnorgane. Voltaire konnte — nach Maury — während des Schlafes für seine Henriade Verse machen, Tartini ganze Tacte für eine seiner berühmten Sonaten componiren, ein deutscher Physiologe (der naturphilosophischen Schule) eine Entdeckung leisten; alles weil bei ihnen nur einige Sinne, einige untergeordnete Fähigkeiten schliefen, gleichzeitig aber der Wille, das Gedächtniss, die Einbildungskraft und das Urtheil unberührt (intacts) geblieben waren.

Weder die Aufmerksamkeit noch der Wille führen unserm geistigen Blick die Bilder vor, fährt Maury fort, welche wir im Traum als Wirklichkeiten nehmen. Sie bieten sich von selber dar, folgend einem gewissen Gesetz unseres unbewussten Gehirns. Sie beherrschen Aufmerksamkeit und Wille gleichmässig und erscheinen uns deshalb als objective Schöpfungen, als Dinge ausser uns. „Ce sont, non pas seulement des idées, mais des images, et ce caractère d'extériorité est précisément la cause qui nous fait croire à leur réalité.“

Maury steht offenbar unter dem Einflusse des Gall'schen Systemes, wonach die verschiedenen abstracten Fähigkeiten des Gehirns, also z. B. Urtheil und Wille, an ganz verschiedene Regionen des Gehirns gebunden sind. Dieses System ist bis jetzt Phantasiegebilde geblieben, aber gleichwohl erscheint die Auffassung und Darstellung des französischen Autors als eine Art Oase für den Leser der modernen Literatur über den Traum.

Das zwei Autoren über unsern Gegenstand aus den vorigen Decennium. Aus den jüngsten Jahren lasse ich einige andere folgen. Der erste von ihnen, L. Strümpell, nähert sich in seiner Methode der eben erwähnten von Maury. Er gibt manche recht verständliche Gedanken und Schlüsse, geht jedoch aus dem allgemein betrachtenden, wesentlich speculativen Gebiete nicht heraus. So behandelt er in dem Capitel über Entstehung der Träume nur die „elementarste Traumform, den sog. Nervenreiztraum“, in folgender Weise[1]):

„Jetzt lässt sich das Resultat allgemein so aussprechen: Sobald durch einen äussern oder innern Nervenreiz während des Schlafs in der Seele eine Empfindung oder ein Empfindungscomplex, ein Gefühl, überhaupt ein psychischer Vorgang entsteht und von der Seele percipirt wird, so ruft dieser Vorgang aus dem der Seele vom Wachen her verbliebenen Erfahrungskreise Empfindungsbilder, also frühere Wahrnehmungen, entweder nackt oder mit zugehörigen psychischen Werthen, hervor. Er sammelt gleichsam um sich eine grössere oder kleinere Anzahl solcher Bilder, durch welche der vom Nervenreiz herrührende Eindruck seinen psychischen Werth bekommt. Man sagt gewöhnlich auch hier, wie es der Sprachgebrauch für das wache Verhalten thut, dass die Seele im Schlaf die Nervenreizeindrücke deute. Das Resultat dieser Deutung ist der sogenannte Nervenreiztraum, d. h. ein Traum, dessen Bestandtheile dadurch bedingt sind, dass ein Nervenreiz nach den Gesetzen der Reproduction seine psychische Wirkung im Seelenleben vollzieht.“

J. Völkelt sodann bringt uns 1875 unter anderm dieses auf S. 207[2]): „Da das Bewusstsein auf der Spannuug zwischen den beiden Polen des Subjects und Objects beruht, und nichts anders als das durch die Reibung beider erzeugte Funkensprühen ist, so sollte der schlafenden Seele folgerichtig das Bewusstsein gänzlich fehlen. Doch wie nirgends in Natur und Geist ein radicaler, absoluter Bruch stattfindet, so spielt auch hier das Bewusstsein in den Schlaf hinüber. Es wäre eine Verleugnung

1) Die Natur und Entstehung der Träume. Leipzig. 1874. p. 108.

2) Die Traum-Phantasie. Stuttgart 1875. — Aus dem nämlichen Jahr nenne ich noch: F. W. Hildebrandt, Der Traum und seine Verwerthung für's Leben. Eine psychologische Studie. Leipz. 60 Seiten.

der durch die Welt hindurchgehenden einheitlichen Entwicklung, wenn die Spannungslosigkeit im Schlafe eine absolute wäre. Schon a priori lässt sich vermuthen, es werde sich so zu sagen am Rande jenes indifferenten Zusammenfallens eine gewisse Unterschiedenheit und Beweglichkeit erheben. Dies hat sich nun völlig bestätigt: die Traumphantasie operirt im Unbewussten, also in der Indifferenz vom Subject und Object; erst an einem Punkte ihrer schon fertigen Schöpfung entsteht das matte, passive Traumbewusstsein, wie etwas Beiläufiges, zufällig in die Traumwelt Gekommenes."

Und weiter heisst es sodann am Schluss des Buches: „So sind wir auch nach Fichte'scher Weltanschauung im Traume Erzeuger eines Mikrokosmus. Das Welträthsel, an dessen Lösung Philosophen sich oft lange vergeblich abmühen, löst der Träumer praktisch jede Nacht. Von hier aus erhält auch der vor Allem dem Kindheitsalter der Völker angehörige Glaube, dass ein höheres Reich der Geister, ja die Gottheit selbst im Traum in Verkehr mit uns trete, einen bedeutungsvollen Sinn. In der That stehen wir im Traume dem Weltinnersten nahe: freilich nicht mit dem, was wir durch die Traumbilder erfahren, sondern mit dem, was wir im traumerzeugenden Processe unbewusst thun und sind."

„Das Traumleben der Seele" ist der Titel eines Vortrags, den H. Siebeck in Basel soeben veröffentlicht hat[1]). Auch hier herrscht die rein psychologische Betrachtung vor, aber wir finden Deductionen, welche sich in ihrem nüchternen Charakter denen von Maury oder Strümpell anschliessen. Wachen und Träumen sind nur gradweise verschiedene Zustände des Bewusstseins. Der Traum ist ein Stadium des Zwischenzustandes zwischen Wachen und tiefem Schlaf. Das Licht des Bewusstseins erscheint auf einen Rest herabgesetzt und kann den Raum, über den es zu gebieten hat, kaum dämmernd erhellen. „Jene Hemmung des Bewusstseins nun ist durch ein körperliches Organ veranlasst, nämlich durch das Gehirn und

1) Sammlung gemeinverständlicher Vorträge. Berlin 1877. Heft 279.

Nervensystem, welches eine Vielheit von Theilen hat, deren Verrichtungen verschieden sind. Damit ist die Möglichkeit gegeben, dass jene Hemmung in einzelnen Theilen des hemmenden Organes nachlässt, während sie in anderen fortbesteht. Denn es scheint nichts gegen sich zu haben, anzunehmen, dass den verschiedenen Partieen der Centralorgane des Nervensystems verschiedene Grade der Ermüdung zukommen können. Wenn aber das körperliche Organ nicht mehr in allen seinen Theilen gleichmässig hemmend auf die seelische Regsamkeit einwirkt, so werden sich von selbst theilweise Regungen geistiger Zustände einstellen. Letztere brauchen aber unter sich noch in keinem Zusammenhange zu stehen, weil ein solcher nach bestimmten Gesetzen des seelischen Lebens geordneter Zusammenhang nur bei vollem Spiele der Bewusstseinskräfte möglich ist."

Die Betrachtung des Träumens als eines rein körperlichen und pathologischen Vorgangs, als eines Vorgangs von unvollständigem Schlaf und ungeordnetem Erinnern, welche ich als die wahrscheinlich richtige ansehe, sucht ihre Stützen ausser in der bisher fast allein benutzten Erfahrung, in anatomischen und experimentellen Dingen.

Bedeutungsvoll tritt uns auf diesem Gebiet die Thatsache entgegen, dass wir Träume oder traumähnliche Zustände willkürlich machen können. Die Gifte und Arzneistoffe dienen als Schlüssel zu den ersten Gängen des Labyrinthes. Sogar die Klangfarbe des Traumes und die allgemeine Richtung, welche von seinen Wellen eingeschlagen wird, sind wir vorherzubestimmen im Stande.

Farbenbunt und behaglich sind die Traumbilder, mit denen das Opium uns umwebt. Ich will hier H. v. Maltzahn, den Orientreisenden, reden lassen. Er beschreibt in seiner „Wallfahrt nach Mekka" [1]) ein Opiumhaus und schildert seine Insassen wie folgt: „Nachdem wir uns in dem Kellerloche nieder-

1) Leipzig 1865. II. S. 231.

gelassen hatten, schenkte man uns lange nicht die geringste Aufmerksamkeit. Die Geniesser des Opiums sassen da mit offenen, bald sehnsüchtig schmachtenden, bald wollüstig sinnlichen, bald starr vor sich hinstierenden Augen. Sie mochten sich wohl in die wonnigsten Träume gewiegt fühlen, denn die Mundwinkel vieler umflog ein süsses Lächeln, wie wenn ein unbeschreibliches Glück ihnen zu Theil geworden wäre. Aber keiner von allen sprach auch nur ein Wort. Dieser Einfluss des Opiums war mir höchst auffallend, da er sich sehr von demjenigen unterschied, welchen der Kif oder Haschisch hervorzubringen pflegt, der oft seine Geniesser sehr gesprächig macht und sie den grössten Unsinn, die allerkühnsten Phantasiebilder zum besten geben lässt. Aber nein! hier war alles still, keine Sylbe verrieth die wonnigen Einbildungen, die süssen Phantasieen, welche das Gehirn der Opiumgeniesser beleben mochte. Nur hie und da entfuhr einem oder dem andern der Ruf: „O Allah!“ oder „O Güte Gottes!“, als fühle er sich von Dank beseelt für den Schöpfer, der ihm solchen Genuss ermöglicht hatte.“

Am Krankenbett zeigt sich das in ähnlicher Weise. Einer der ältesten experimentellen Bearbeiter der Opiumwirkung, Dr. G. Young [1]) sagt von ihm, es gebe „a flow of spirits when they were reduced to the lowest ebb“. Keinen freiwilligen Schlaf bringt die Nacht dem hochgradig Schwindsüchtigen oder Krebskranken, denn jener wird von dem Hustenbedürfniss, dieser von den Schmerzen seiner Geschwüre gepeinigt. Eine richtig bemessene Quantität Opium aber, noch besser seiner wirksamsten Substanz, des Morphins, führt beide in Halbschlaf über, in einen Zwischenzustand von Schlafen und Wachen, den oft die lieblichsten Bilder und angenehmsten Empfindungen durchweben. Luftig und verschwommen sind dieselben, und nur Patienten von guter intellectueller Bildung wissen bestimmte Umrisse von ihnen anzugeben. Der Gesammteindruck aber ist der des angenehmen Träumens, so lange die Narkose noch nicht zum tiefen Schlaf geworden.

1) London 1753.

Aus eigener Erfahrung kann ich dies erzählen: Wegen eines schmerzhaften Lendenrheumatismus, der mich Abends spät befiel, injicirte ich mir zu Bette liegend 1 cg. Morphin unter die Haut der linken Hüfte. Mit Spannung suchte ich die Einzelwirkungen wahrzunehmen und festzuhalten. Die erste war ein unbeschreibliches Gefühl von Wohlbehagen, das vom Gehirn aus durch meine Glieder strömte; bald danach fühlte ich das Schwerwerden und Sinken der Augenlider; und unter einem kurzen Traum, welcher mir vorspiegelte, mein Gehirn sei von der bis dahin es engbedrückenden Schale befreit und bewege sich frei im Raum, leicht, wie neugeboren, — schlief ich fest ein, um am folgenden Morgen gegen 9 Uhr wohl und munter zu erwachen [1]).

Einen grellen Gegensatz zu der Wirkung des Opium oder des in ihm wesentlich wirkenden Alkaloides Morphin, bietet die Belladonna, d. h. das in ihr als Hauptbestandtheil vertretene Atropin, in der Regel dar. Es wurde 1831 zuerst aus der Pflanze rein dargestellt. Vorher kannte man nur die Vergiftungserscheinungen, welche aus dem Genuss der Pflanze, meist der glänzend schwarzen Beeren entstanden, oder auch durch den arzneilichen Gebrauch ihrer Präparate. Seit das Atropin zu subcutanen Einspritzungen und als Augentropfmittel vielfach und in letzterer

---

1) Ich bin nicht der Ueberzeugung von Preyer (Ursache des Schlafes. Stuttgart 1877. S. 6), dass solcher künstliche Schlaf etwas „ganz anders“ sei als der natürliche. Wäre das, so könnten beide Arten nicht genau den nämlichen Verlauf und Ausgang und die nämliche stärkende Rückwirkung haben, vorausgesetzt, dass die künstlichen Schlafmittel für den einzelnen Fall richtig gewählt und zweckmässig dargereicht wurden. Für den Erfolg ist hier gleichgiltig, ob wir die Bildung der Ermüdungsstoffe durch den Organismus sich vollziehen lassen, oder, wenn sie nicht ausreichen, etwas Morphin, Chloral, Weingeist nachschicken. Sie alle — oder ihre Zersetzungsproducte — hängen sich an die Nervensubstanz der Gehirnrinde und hemmen deren Thätigkeit. Auch die Milchsäure gehört dazu. Das haben Preyer und seine Nachfolger meines Erachtens bewiesen; aber die Gründe, woraus hervorgehen soll, dass wir jenes „Ganz anders“ nunmehr wirklich „wissen“, wurden nicht bis zur Grenze der Wahrscheinlichkeit geführt.

Zeit oft lange hindurch angewendet wird, ist die Casuistik reicher geworden. Die Träume des atropinvergifteten Menschen sind unangenehm erregter Art. Ein mir befreundeter rheinischer Schulmann träufelte sich gegen eine Augenentzündung eine Atropinlösung allzu energisch ein. Von dem Thränennasenkanal aus kam bald eine genügende Menge in den Schlund, wurde hier verschluckt und erzeugte allmählich die Anfänge des Atropinrausches. Ich wurde toll im Kopf, so schrieb er mir, ein entsetzliches Gefühl der Unsicherheit und Angst kam über mich, ich wusste nicht, ob ich träume oder wache, ob die gräulichen Erscheinungen vor mir wirklich seien oder nur Phantasmen. Taylor berichtet in seinem Werk über die Gifte ebenfalls von gespensterartigen Visionen, phantastischen Wahngebilden und durchdringendem Angstruf, die sich einmengten in die Umnebelung des Gehirns durch das Gift der Tollkirsche. Mit Recht führt die Atropa Belladonna diesen deutschen Namen. In dem Stechapfel besitzt sie eine nahe Verwandte (Datura Stramonium). Man weiss jetzt, dass er ein Alkaloid einschliesst, das chemisch mit dem Atropin übereinstimmt, und übereinstimmend ist dann auch das Bild der Vergiftung. Abkochungen des Stechapfels scheinen eine häufige Rolle gespielt zu haben bei den Zaubertränken früherer Zeit. Die Idee des direct auf den Menschen einwirkenden persönlichen Teufels war so allmächtig in jenen Jahrhunderten, dass selbst eine Bulle des humanistisch gebildeten Papstes Hadrian VI. von 1522 ihr den Stempel der Unfehlbarkeit aufdrückt[1]). Es liegt viel Wahrscheinliches in den toxikologischen Erzählungen, welche uns von Frauen berichten, die nach dem Genuss gewisser Tränke in einen Zustand von Halbschlaf mit wilden buhlerischen Teufelsvisionen verfielen

1) Magnum Bullarium Romanum. Leyden 1692. I. 628. — Bulle vom 20. Juli 1522 sagt: „. . . . in Civitate Cremonensi repertae fuerunt quamplures utriusque sexus personae . . . . diabolum in suum dominum et patronum assumentes eique obedientiam et reverentiam exhibentes, et suis incantationibus, carminibus, sortilegiis aliisque nefandis superstitionibus jumenta et fructus terrae multipliciter laedentes, aliaque quamplurima nefanda, excessus et crimina eodem diabolo instigante committentes . . . .“

und diese nach dem Ablauf der Vergiftung für durchlebte Wirklichkeit ansahen. Die Worte des hallucinirenden Traumes wurden zur Anklage für die Hexe, und die Folter bestätigte in solchen Fällen nur das innere Schuldbewusstsein. Aus jüngerer Zeit beschreibt Boerhave einen ähnlichen Fall. Ein erwachsenes Mädchen bekam im Getränk das Pulver von Stechapfelsamen. Bald entstand ein Rausch, der in Betäubung überging, und aus dieser heraus ragten dann die körperlichen Aeusserungen eines wüsten sinnlichen Traumes. In den Fieberdelirien des Typhus kann man zuweilen dasselbe gewahren. Aus meiner frühern praktischen Thätigkeit stehen mir solche Fälle lebhaft vor dem Gedächtniss. Wie dort das Atropin so können hier die Gifte des Fieberblutes neben der allgemeinen Betäubung wilde Vibrationen einzelner Ideenkreise hervorrufen.

Mit den wüsten und schreckhaften Traumvorstellungen der Belladonna kann man jenen somnolenten Zustand vergleichen, der sich in Fällen von Säuferdelirium ausprägt. Kleine lebhafte unangenehme Thiere bedecken das Bett des Deliranten. Sie klettern auf sein Haupt und suchen ihn zu verzehren, sie lassen ihn nicht zu Schlafe kommen, sie folgen, wohin immer er entfliehen mag, unzertrennlich seinen Fersen und seinem Lager; und suchte er selbst auf einer Felseninsel des Rheines seine Zuflucht — so hat man das Entstehen der Sage vom Mäusethurm bei Bingen innerlich nicht unwahrscheinlich gedeutet — sie durchschwimmen mit ihm den Rhein und hetzen ihn von neuem bis zum Tode. Statt der kleinen Thiere sind es oft Zwerge und Kobolde mit derselben Form des Angriffs und der Behendigkeit. Gelingt es dem Arzt, durch Opium oder das ihm ähnliche Chloral die erregten Gehirnzellen für den Einfluss des Alkohols, oder wahrscheinlicher seiner chemischen Derivate und Folgezustände, unzugänglich zu machen, so gehen Delirium und heftiger Traum in tiefen Schlaf über, Gift und Gegengift entfernen sich während seiner aus dem Organismus, und frei von den krankhaften Erregungen seiner centralen Nervenzellen erwacht der Kranke.

Von hohem Interesse und von eigenartiger Ausbildung sind die Träume, welche der Haschisch über uns bringt. Man bereitet ihn aus dem indischen Hanf zur Zeit der Blüte und verkauft ihn im südlichen Orient unter mannigfacher Form meistens als trockenes Extract in runde Stückchen gepresst. Seine Wirkung war schon zur Zeit der Kreuzzüge bekannt. So berichten uns arabische Quellen und der Reisende Marco Polo, der den Orient gegen 1275 durchforschte[1]), dies: In Persien hauste auf der Burg Alamut und der Umgegend Hassan Ben Aloadin, der Alte vom Berge genannt, das Haupt einer fanatischen mohamedanischen Secte. Er hatte eine Schaar bewaffneter Jünglinge um sich, die blindlings seinen Befehlen gehorchten. Besonders dadurch wusste er sie zu fanatisiren, dass er ihnen abtheilungsweise einen aus Haschisch bereiteten Trank reichen und im Betäubungsschlaf sie in ein Lustschloss bringen liess, wo sie zu raffinirtem Sinnesgenuss erwachten und im Paradies zu weilen glaubten. Nach einigen Tagen wurden sie unter Haschischbetäubung in ihre frühern Verhältnisse zurückversetzt. Durch Versprechen neuer paradiesischer Wonnen wusste er sie zum blinden Gehorsam und zur Todesverachtung anzufeuern. Nach allen Richtungen wurden sie ausgesandt, um seine politischen und religiösen Gegner, vorzugsweise Führer der Kreuzfahrer, zu erdolchen. So wurde (wie ich an anderer Stelle erfahre) 1249 Raimund, Graf von Tripolis, dann Konrad, Markgraf von Montferrat, ermordet. Ganz Asien, sowohl Christen wie Moslemin, zitterte vor diesen gefährlichen Haschischin's (*assassini*), bis im Jahre 1252 die Mongolen der Herrschaft des Aloadin ein blutiges Ende machten.

Noch heute berauscht sich der Orientale in dem nämlichen Genussmittel. Was seine Phantasie nüchtern sich heissersehnt, das zaubert er ihr durch den Haschisch als bunte Wirklichkeit vor, bis seine Träume übergehen in Betäubung und Schlaf. In unserm Arzneischatz hat der indische Hanf die Zahl der Schlafmittel vermehren helfen. Die deutsche Pharmakopoe hat ihn

1) Londoner Ausgabe von 1874. S. 145.

Ferner de Sacy in den Memoires de l'Institut de France. Classe d'hist. IV. 1818. p. 56. — Hammer, Fundgraben des Orients. Wien 1813. Fol. III. p. 205.

amtlich eingereiht, und manche Aerzte rühmen seine heilsame Wirkung[1]).

Wie der Einfluss des Haschisch in einem hochgebildeten europäischen Gehirn sich gestaltet, erzählt uns Professor von Schroff aus Wien recht anschaulich[2]):

„Am intensivsten waren die Wirkungen eines von Herrn Prof. Sigmund aus Egypten mitgebrachten trockenen Haschisch, das von 7 Individuen in Dosen von 7—58 Centigramm genommen wurde. Gleich in der ersten Zeit wirkte es am meisten; nach längerer Aufbewahrung zeigte es geringere Wirksamkeit. Ich nahm 7 Centigramm, Abends um 10 Uhr, legte mich zu Bett, las, noch eine Cigarre nach gewohnter Weise rauchend, gleichgiltiges Druckwerk bis 11 Uhr und legte mich dann mit der Idee zur Ruh, dass diese Dosis wohl zu klein gewesen sein mochte, da sie gar keine Erscheinung hervorbrachte und mein Puls gar keine Veränderung zeigte. In demselben Augenblicke fühlte ich ein starkes Rauschen nicht nur in den Ohren, sondern im ganzen Kopfe; es hatte die grösste Aehnlichkeit mit dem Geräusche des siedenden Wassers, gleichzeitig umfloss mich ein wohlthuender Lichtglanz, der den ganzen Körper durchdrang und ihn durchsichtig erscheinen liess. Mit ungewöhnlicher Leichtigkeit durchlief ich ganze Reihen von Vorstellungen bei gesteigertem Selbstbewusstsein und erhöhtem Selbstgefühl; ich bedauerte, keine Schreibmaterialien zur Hand zu haben, um all' das Herrliche aufzeichnen zu können; zum Holen derselben wollte ich mich nicht entschliessen, weil ich fürchtete, diesen höchst angenehmen Zustand zu verscheuchen und weil ich die feste Ueberzeugung hatte, dass ich am nächsten Morgen bei der Klarheit der Ideenreihen und der Lebhaftigkeit der Empfindungen die Erinnerung daran ganz frisch im Gedächtniss haben würde. Ich verglich meinen Zustand mit jenem, wie er nach der Einwirkung des Haschisch geschildert wird, und bemerkte, dass

---

1) Struck, Deutsche med. Wochenschr. 1877. No. 44. — Fronmüller, Klinische Studien über die schlafmachende Wirkung der narkotischen Arzneimittel. Erlangen 1869. S. 69.

2) Pharmakologie. Wien. 1869. S. 500.

er in der Abwesenheit erotischer Gefühle sich unterscheide. Am andern Morgen war mein erster Gedanke beim Erwachen, die nächtliche Scene im Gedächtniss zu reproduciren; allein von all' den erlebten Herrlichkeiten trat nichts in die Erinnerung, ausser was ich eben berichtet habe."

Von seinen andern Haschischessern (Studirenden der Medicin) berichtet v. Schroff: Steigerung aller Sinnesenergien und ungemeine Lachlust; Schläfrigkeit bei allen, wenn auch nicht in allen Perioden des Versuches; Bewusstsein ungetrübt; beim Einschlafen Hallucinationen, besonders des Auges, vorzüglich angenehmes Farbensehen, Verschwinden des Bodens unter den Füssen, nicht unangenehmes Gefühl des Ueberstürzens, des Fliegens durch die weiten Himmelsräume; meist sehr heitere Gemüthsstimmung, oft schallendes Gelächter ohne Grund, bisweilen durch bizarre Gestalten, Carricaturen hervorgerufen . . . . bei allen fester Schlaf in der auf den Versuch folgenden Nacht, bei einem einzigen wollüstige Träume . . . . am folgenden Tag geringe Mattigkeit und etwas Eingenommenheit des Kopfes.

Im Gehirn eines ungebildeten Europäers ging es nach Haschischaufnahme folgendermaassen zu[1]:

„Konrad M., Metzgergeselle, schnapsbeflissen, als Krankenwärter verwendet, nahm am 26. Dec. 1856 Abends 4 Uhr $^1/_2$ Unze Madjumlatwerge aus dem Orient stammend, die mir von Hrn. G. Martius zugesandt worden war. Bald nachher wurde er von Schwindel und Taumel so ergriffen, dass er das Bett kaum erreichen konnte. Dieser Zustand steigerte sich; er konnte sich nicht mehr aufrichten, seine Glieder wurden bleischwer, und doch sah und hörte er alles um sich her, unterhielt sich auch mit seinen Schlafgenossen. Seine Phantasie bewegte sich im Himmel und auf dem Wasser. Bald spielte er mit Engeln, bald fuhr er im Nachen mit schönen Mädchen. Auch gab er an, viel geflogen zu sein. Er sagte, einen solchen Rausch noch nie gehabt zu haben. Der Puls zeigte während der Narkose keine erheblichen Abweichungen. Die Bindehaut

1) Bei Fronmüller a. a. O. S. 57.

des Auges war etwas injicirt. Am folgenden Morgen war er wieder frisch und wohl."

Aber auch bis zu den Grenzen der Schattenwelt kann der Haschisch führen, wie Schroff berichtet. Nach Aufnahme von 73 Centigramm entstand kurzdauernde Erregung und danach andauernde Depression der Herzthätigkeit mit „Herabsetzung des Lebensgefühles".

Die Selbstversuche mit Haschisch finden sich auch sonst in der ärztlichen Literatur ziemlich häufig. Ich erwähne hier nur noch folgenden von Reissner mitgetheilten[1]):

Ein Arzt, welcher Geisteskranken mehrfach bis zu 0,09 Grm. des officinellen Extractum Cannabis indicae gereicht hatte, nahm diese Dosis selbst ein. Nach einer Stunde plötzliches Eintreten von Hallucinationen, Gefühl von Leichtigkeit, Neigung zu Muskelbewegungen, Gleichgiltigkeit gegen etwaigen üblen Ausgang der klar erfassten Vergiftung. Nach der Dauer von etwa 90 Minuten verschwand der Rausch ohne besondere Nachwirkung zu hinterlassen.

Und seltsamer Weise, nicht allein die Anwesenheit gewisser narkotischer Gifte setzt das menschliche Gehirn in den Zustand von Delirium und Traum, — auch das Entziehen des alltäglich gewohnten Reizes wirkt in der nämlichen Weise.

Am bekanntesten ist das Beispiel der Gewohnheitssäufer. Unbehaglich und wie zerschlagen ist ihr Körper beim Erwachen, Hände und Lippen zittern, das Herz pulsirt jagend, immer mehr wächst die Aufregung des Gehirns, bis die ersten kräftigen Züge aus der Cognac- oder Schnapsflasche gethan sind; und alles löst sich auf in Wohlbehagen und Heiterkeit. Kräftiger ausgeprägt nach der Seite des Traumlebens hin ist das ganz ähnliche Bild bei der chronischen Morphinvergiftung und ihrer Kur.

Wie nur irgend eine der neuen Erfindungen in Medicin oder Chiurgie wirkt die subcutane Einspritzung in tausend Fällen segensreich. Aber sie ist der Ruin für Viele, welche maasslos und unverständig mit ihr behandelt werden oder sich selbst

1) Zeitschr. f. Psychiatrie. 1867. p. 147.

damit behandeln. Nur für schmerzhafte Zustände vorübergehender Natur passt sie oder aber da, wo dauernde Uebel vorliegen, die entweder schlimmer sind, als der zu befürchtende Morphismus, oder die den lethalen Ausgang mit Sicherheit erwarten lassen, und bei denen alles andere die Linderung versagt hat. Einmal an die rasche und leichte und höchst angenehme Wirkung des Morphins durch die Haut hindurch gewöhnt, verlangt der Mensch an jedem Tag das rausch- und ruhebringende Alkaloid von neuem. Mit stündlich wachsender Aufregung, mit fieberhafter Spannung sieht er der Stunde entgegen, wo die Beibringung stattfinden soll, und sind Arznei wie Instrument in seiner Hand — was leider so häufig der Fall — so hält es ihn nicht bis dahin. Mit jedem Tage fast wird die Einspritzung früher und in steigender Dosis genommen. Dabei aber welkt sein Körper, sein Nervensystem erschlafft, und das Bedürfniss, sich von dem ursprünglichen Heil- und Beruhigungsmittel befreien zu lassen, wird unabweisbar. Vernünftiges Zureden, allmähliches Vermindern der Dosis, der Tausch mit andern Beruhigungsmitteln, bleiben meistens ohne Erfolg. Man isolirt den Patienten und entzieht ihm das Morphin sofort und ganz. Nun aber beginnt eine Periode traumhafter Erregung, welche Muth, Umsicht und Festigkeit von Seiten des Arztes in hohem Maasse erheischt. Unter stürmischer Mitleidenschaft des gesammten Körpers wird das Gehirn von Wahnvorstellungen und Schreckgestalten gepeinigt. Einem Tobsüchtigen gleicht der Patient in seinem Halbschlaf, endlich, nach 4—6 Tagen erst haben die Gehirnzellen dem Fehlen des gewohnten Ermüdungsstoffes sich gefügt, und Heilung von den Schäden seiner langen Anwesenheit und plötzlichen Abwesenheit tritt ein[1]).

Man wird versucht sein, mir wegen der bisherigen Beispiele den Einwand zu machen, sie bezögen sich nicht auf den

1) Levinstein, Die Morphiumsucht. Berliner klin. Wochenschr. 1876. Nr. 14.

Traum, sondern auf eine andere Art der psychischen Erscheinung, auf die Hallucination. Dieser Einwand wäre vielleicht berechtigt, wenn auf dem Gebiet der abstracten Begriffe ein ebenso scharfes Systematisiren möglich wäre, wie etwa in der Zoologie und Botanik. Dass dieses aber dort aus unfertigen und viel widersprochenen Zuständen noch nicht herausgekommen ist, beweist unsere heutige Psychiatrie trotz ihren grossen Fortschritten in praktischen Dingen. So lässt sich auch zwischen Traum und Hallucination eine scharfe Trennung nicht durchführen; beide gehen in einander über. Gemeinsam bleibt beiden die eine Hauptsache, dass die logische Verknüpfung der im Gehirn entworfenen Vorstellungen und die freibewusste Thätigkeit des Willens gelähmt oder ganz aufgehoben sind; nur ist, was wir im gewöhnlichen Leben Traum nennen, quantitativ die unterste Stufe der Hallucination, und sie der höchstentwickelte Traum. Man führe sich nochmals das vorher nach Maltzahn gegebene Bild der arabischen Opiumesser mit ihrem schlaftaumelnden Sensorium vor, um zu erkennen, dass zwischen beiden Begriffen keine feste Grenze existirt[1]).

Wollte man diese aber dennoch gefunden haben und darum meine toxikologischen Beispiele als solche des Traumes nicht gelten lassen, so brauchte ich nur auf eine andere bekannte Intoxication hinzuweisen, in welcher der tiefe Schlaf sich mit dem lebhaftesten Träumen in bunter Gestaltung mischt. Ich meine den Zustand der Chloroformnarkose.

Flüchtig wie die mährchenhaften Geister der Luft bewegt es sich von unserm Munde nach den Lungen, durch das Blut nach dem grossen Gehirn hin. Es lagert auf den kleinen Werkstätten unseres Bewusstseins, sie anfangs erregend, bald aber in eine

---

1) „Wenn man nach vollbrachtem Schlafe mit einer Gemächlichkeit, die einem Schlummer nahe kommt, und gleichsam mit gebrochenem Auge die mancherlei Fäden der Bettvorhänge oder des Bezuges oder die kleinen Flecken einer nahen Wand ansieht, so macht man sich daraus leichtlich Figuren von Menschengesichtern und dergleichen. Das Blendwerk hört auf, sobald man will und man die Aufmerksamkeit anstrengt.“ Sagt Kant a. a. O. S. 354.

solche Erstarrung versetzend, dass die heftigsten Reizungen der Aussennerven unter dem Instrument des Chirurgen hier die Grenze ihrer Schwingungen finden. Das Bewusstsein erfährt nichts von ihnen. Und doch bringt der Traum des Chloroformirten uns Kunde, dass der Schlaf oft nur ein partieller ist. Besonders scheinen es die Gestalten des Arztes und seiner Helfer zu sein, also die jüngsten Bilder vor dem Schliessen der Augen, die in der einen oder andern, nach der Individualität des Chloroformirten sich richtenden Weise seinen Traum beleben. „Ja, ihr verfluchten Kerls, ich weiss wohl, ihr wollt mir mein Geld nehmen", so hören wir Einen ausrufen, dessen Lebensthätigkeit im Ansammeln vom Mammon aufgeht. „Eins, zwei, ... besser vorwärts, ihr Faullenzer! Was, ihr wollt mich gar festhalten?" ähnlich fuhr uns ein wackerer Sergeant an, dem wir am Tage nach Mars la Tour den Unterschenkel zu amputiren hatten; während ein Deutschböhme vom 3. Juli 1866 in uns seine Sangesbrüder erkannte, sich aber bitter beklagte, als ich ihm einige zerschossene Finger absetzte, dass wir ihm fortwährend das Liederbuch aus der Hand schlügen. Und noch so heftig mag der Traum des Chloroformirten sein, meist gewahrt man, dass nach Beendigung der Operation, bei eingetretenem Erwachen der Operirte sich aufrichtet, mit seinen Augen den leitenden Arzt sucht und ihn fragt: Fangen Sie bald an, Herr Doctor? Erinnerung an die Traumbilder ist oft vorhanden, oft fehlt sie.

Bevor man das Chloroform zum Einschläfern anwenden lernte (1849), war zwei Jahre lang der Aether zum nämlichen Zweck im Gebrauch, und manche Operateure wenden ihn noch heute an, weil er zwar weniger rasch aber auch weniger gefahrvoll narkotisirt. Der von ihm bewirkte tiefe Schlaf ist ebenfalls von Träumen durchzogen. Dieffenbach, der berühmte Berliner Chirurg, welcher in Deutschland mit unter den Ersten ätherisirte, schildert sie in lebhaften Farben. Ohnmächtig, albern, tobend oder heiter kann der Charakter des Aetherrausches sein. Im letztern Fall, der häufig bei jugendlichen Personen, besonders weiblichen Geschlechts eintrete, entstehe eine unbeschreibliche Zufriedenheit und Fröhlichkeit, die Wangen röthen sich, das Auge wird glänzend und geschlossen, um sich der Aussenwelt abzukehren. Es wankt der Boden unter den Füssen, der Geist streift ab was Körper ist, die niederen Sinne und Begehrungen werden mit dem Körper abgelegt. Das Reich der Träume bekommt die Oberhand, und es verkünden unzusammenhängende, einzelne Worte die unnennbare Seeligkeit. Die niederen Sinne, Gefühl, Geschmack und Geruch, schlummern und zeigen keine angenehme Täuschung irgend einer Art. Das innere Auge aber erblickt die glänzendste Farbenpracht, und beim äusseren Schlaf des Ohres schwelgt der Sinn des Gehörs in den entzückendsten Tönen. Kein verworrenes Bild stört die Glücklichen in dem gänzlichen Entkörpertsein, alles Zeitmaass fehlt ihnen. Und unter die Stellung, welcher Jeder im Leben hat, träumt keiner sich hinab. Alle steigen auf Adlers Schwingen hinauf in eine glänzende, azurene Bläue oder zu einem gelben, schimmernden Goldmeer. Keiner tritt die harte Erde. Die Füsse und die Schwere sind abgelegt, Alle schweben gewichtlos und in einem weiten Raum. Sind es niedere, irdische Erinnerungsbilder, welche vor die Seele treten, so nehmen Theater und Concerte meistens die erste Stufe ein. Siegmund beobachtete, dass ein junger Mann seine ganze orientalische Reise nochmals durchträumte. Kronser meint, schlechte Poeten könnten durch Aetherdämpfe gehoben und verbessert werden. Wäre das möglich, so wäre es ein Glück; und auch die Prosa könnte sich so vielleicht veredeln lassen[1]).

Die glänzende Schilderung Dieffenbach's von den Wonnen des Aethertraumes hat in einem literarisch bekannt gewordenen Falle[2]) einen jungen Mann zum Aethermissbrauch getrieben. Er war mit philosophischen und ästhetischen Studien beschäftigt und gab dabei einem Hange zu theologisch-mystischen Betrachtungen allmählich nach. Der Aethertraum schien ihm

1) Dieffenbach, Der Aether gegen den Schmerz. Berlin 1847. 227 Seiten.

2) Ein Aetherathmer. Vortrag, geh. in der Berl. med. Ges. am 3. Februar 1875, von C. A. Ewald. Abdruck in Nro. 11 der Berl. klin. Wochenschrift.

die richtige Bahn, um seinen Geist von der schweren Materie zu befreien, und in der That, es gelang ihm gleich beim ersten Mal. Er legte sich allein in seiner Stube auf das Sopha und athmete den Aether vom Taschentuch ein. Alsbald schwand ihm die Besinnung. Er hatte eine Reihe sehr lebhafter Wahnbilder, wie es scheint hauptsächlich aus religiösen Vorstellungen zusammengesetzt, in denen aber auch wie beim Haschischrausch das Hinwegsetzen über Stoff, Zeit und Raum eine grosse Rolle spielte. Ganze Welten glaubte er zu durchmessen, unendliche Zeiten durchlebt zu haben, und doch lehrte ihm die Länge der brennenden Kerze beim Erwachen, dass er kaum eine Viertelstunde betäubt gewesen sein konnte. Leider war er von dem Ausgang dieses ersten Unternehmens nicht befriedigt, denn die Betäubung war gerade in dem Augenblick gewichen, als er dem Ziel seiner Wünsche glaubte nahe gekommen zu sein. Natürlich, dass er den Ausflug in die farbenprächtige Unendlichkeit wiederholte, aber die Traumwelt war nicht mehr so glänzend und bilderreich, als die jener ersten Narkose, und wie oft er nun auch durch immer grössere und häufigere Dosen Aether sie wieder heraufzuzaubern sich bemühte, sie wollte nicht wiedererscheinen. Bald wurde das Experiment zur Gewohnheit, der anfangs spärlich angestellte Versuch zum unwiderstehlichen Trieb, und jene ursprüngliche Sehnsucht nach dem Erhabenen und Unendlichen erstickte in der Gier nach einem Reiz, der längst alle Eigenschaften einer gemeinen sinnlichen Leidenschaft angenommen. Nur anfangs „ätherte" er in seinem Zimmer, bald lies es ihm auch ausserhalb keine Ruhe; das mit Aether getränkte Taschentuch vor Mund und Nase schwankte er durch die Strassen Berlin's, von einer Apotheke zur andern eilend kaufte er sich den Aether in kleinen Quantitäten. Zuletzt stieg er bis zum Verbrauch von 2 bis 2,5 Pfund für den Tag, bis er endlich zerrüttet und verkommen in der Charité Hilfe suchte, ein unrettbares Opfer seiner Lust, zu träumen, und seines Traummittels.

Hervorgerufen durch acute Vergiftung ist ferner der Traumzustand, welchen wir unter dem Namen des Alpdrückens kennen.

Es ist überflüssig, etwas allgemein bekanntes hier näher zu schildern. In der Zeit und noch heute bei der Bevölkerung, die von dem Glauben an den leibhaftigen Teufel, an Hexen und Kobolde beherrscht erscheint, ist der Alp ein gespenstiges Wesen, das mit erstickender Schwere die Brust belastet; bei dem Schläfer von freierer Anschauung tritt das Gefühl des Verschüttetseins, der Erdrosselung u. dgl. in mehr oder weniger klarer Form vor die halbwache Seele. Wir besitzen Versuche über diese Traumform; dieselben wurden von J. Börner angestellt[1]) und bestanden im wesentlichen darin, dass er festschlafenden gesunden Menschen die wollene Bettdecke derart über das Gesicht schob, dass der Mund ganz und die Nasenlöcher zum grössten Theil bedeckt waren. Der Schlafende fing sofort an in langgedehnten Zügen einzuathmen; sein Gesicht röthete sich, sämmtliche Athemmuskeln geriethen in angestrengteste Thätigkeit, die Halsvenen schwollen an, allein der Schlafende rührte sich nicht, sondern liess bei jedem Athemzug einen ächzenden Ton vernehmen. Die Augen blieben geschlossen. Bald aber erfolgte unter sichtlicher Anstrengung ein Umdrehen des ganzen Körpers und damit Abwerfen der Decke vom Gesicht, die Athmung wurde sofort freier und ruhig ging der Schlaf seinen Gang. Aufgeweckt erzählte nun die unfreiwillige Versuchsperson, sie habe geträumt, der Alp, in Gestalt eines hässlichen Thieres liege ihr auf der Brust.

Die Richtigkeit der Börner'schen Versuche kann man bei einiger Aufmerksamkeit an sich selber bestätigt finden. Nimmt man zur Zeit eines Schnupfens, der von Zeit zu Zeit beide Nasenöffnungen unwegsam macht, eine etwas schwere Abendmahlzeit zu sich und schläft, während die Nase erträglich frei war, mit wie gewöhnlich geschlossenem Munde ein, so wird es häufig geschehen, dass die katarrhalische Absonderung und Schwellung der Nasenschleimhaut inmitten des tiefsten Schlafes eintritt. Immer mehr wird der Luft die Passage verlegt, immer stärker sammeln sich die Kohlensäure und andere erstickende Producte

---

1) Das Alpdrücken, seine Begründung und Verhütung. 1855. Würzburg. — Cubasch, in der Samml. gemeinverstdl. Vortr. 1877. Heft 269.

unsers Stoffwechsels im Blute an und misshandeln das Nervensystem. In ganz verschwommenen Formen zieht ein tiefes Unbehagen durch unsere Seele, bald nimmt es die Gestalt eines bestimmten Erstickungsvorganges an, bald bleibt es unklar und verworren, je nach der Dauer und Stärke seiner Ursache, — bis dann endlich eine rasche Bewegung des Körpers sich auch den geschlossenen Lippen mittheilt oder noch öfter — so habe ich es bei mir wiederholt beobachtet — eine laute Interjection des Angstgefühles und des Hilfebedürfnisses den Mund öffnet und der erlösenden atmosphärischen Luft einen freien Zugang verschafft. Ihr Sauerstoff ist das Gegengift. Was andere zurückgehaltene Auswurfsstoffe in unsern Gehirnzellen von verkehrter Reizung angerichtet hatten, das gleicht er wieder aus, indem er die Traumesursache wegwäscht, bindet und chemisch ändert, gerade so für den ruhigen Schlaf hier eintretend wie bei den Erstickungskrämpfen eines Thieres für die Herstellung der normalen Athembewegungen.

Ungenügende Athmung ist aber nicht die einzige Veranlassung zu Träumen, welche mit der Vorstellung des Ersticktwerdens einhergehen. Es gibt Personen, welche denselben Zustand nach Aufnahme einer reichen Abendmahlzeit darbieten. Hier liegt der Mechanismus von Ursache und Wirkung weniger klar vor, als in dem erwähnten Falle. Man könnte wohl auf Grund von bereits erforschten Thatsachen der Physiologie der Ernährung sich ein Bild davon entwerfen, das mindestens ebenso bestimmte Umrisse darböte, als die meisten Capitel der philosophischen Betrachtung solcher Gegenstände es thun. Besser jedoch ist's, sich vorläufig auf die praktische Verhütung des Alpdrückens aus dieser Quelle zu beschränken. Besonders das kindliche Alter bietet Gelegenheit dazu. In frühern Zeiten gab man ihm Amulete und Heiligenbilder in's Bett, um es vor dem Nahen der Hexen und Kobolde zu bewahren; heute reicht eine zweckmässige Regelung der Abenddiät weiter als das kirchliche Rüstzeug.

Ich habe all diese Dinge vorausgeschickt, weil ich der Ueberzeugung bin, dass die Lehre von den Giften (Toxikologie) hier wie so oft ein Wegweiser ist für die Beantwortung physiologischer und pathologischer Fragen, und weil ich ferner meinem Leser die Bahn etwas ebenen wollte für die spätere concrete Betrachtung des gewöhnlichen, nichttoxikologischen Traumes, den er bisher fast wol nur in abstracten Begriffen definiren hörte.

Wann träumen wir? Träumen wir auch im tiefen Schlaf, oder schläft dann auch das, was wir Seele nennen, starr und stumm gleich seiner Beziehung zum Gehirn, gleich dem Bewusstsein?

Ich will die letztere Frage zuerst beantworten, wenn es erlaubt ist, einen resignirenden Entscheid als Antwort zu bezeichnen.

Ob wir im tiefen Schlafe träumen, lässt sich durch zweierlei Zeugenschaft darthun, es ist die Erinnerung an das Traumbild oder das directe Beobachtetwerden durch einen Wachenden, der etwaige Bewegungen oder gesprochene Worte wahrzunehmen Gelegenheit hat. Durch eine solche Beobachtung würde festzustellen sein, ob Träume vorhanden waren, ohne dass subjective Erinnerungsbilder von ihnen übrig blieben.

Dass wir nach tiefem erquickendem Schlaf, wenn wir noch vor seinem allmählichen Ablauf geweckt werden, keine Spur einer Traumerinnerung zu haben brauchen, ist wol Jedermann bekannt. Es liegt somit kein zwingender Grund vor zu der Annahme, wir hätten dennoch geträumt, denn jegliche subjective Kunde davon fehlt uns. Und auch das beobachtende Experiment fällt meistens negativ aus. Die grosse Mehrzahl der Menschen liegt im tiefen Schlaf ruhig da, ohne die Spur eines Zeichens von seelischer Thätigkeit zu äussern. Abwesenheit also von beidem, Erinnerung und Ausdruck des Traumes, das gewahren wir mit Bestimmtheit in zahlreichen Fällen, und demgemäss ist die Behauptung, welche sich mit unverwüstlicher Ausdauer durch die ganze Traumliteratur hindurchzieht, zum mindesten unbewiesen, unsere „Seele“ ruhe niemals, d. h. wir träumten stets, auch ohne dass wir es an uns erführen. Eher sind wir berechtigt, das Gegentheil zu schliessen und zu sagen: Im gesunden tiefen Schlaf ist jede seelische Thätigkeit vorübergehend erloschen. Ob es freilich eine solche geben mag, welche sich unserm Bewusstsein nicht offenbaret, das bleibe dahingestellt. Jedenfalls wissen wir absolut nichts von ihr, und deshalb können wir über sie ebensowenig philosophiren wie über die Bewohner des Sirius oder seiner Planeten.

Ziemlich übereinstimmend wird allerseits die Zeit angegeben, wann wir träumen. Die frühen Morgenstunden, die Zeit, welche dem Erwachen des gesunden Menschen kurz vorhergeht, in welcher der Schlaf am wenigsten fest ist, das in der Regel ist der Tummelplatz der neckischen Traumgeister. So erzählt uns der göttliche Homer, wie der von Zeus entsendete täuschende Traum (οὖλος Ὄνειρος) zu Agamemnon herabsteigt, an seinem Haupte steht und neue Kampfbegier in ihm anfacht[1]).

„Jetzo erwacht er vom Schlaf, noch umtönt von der göttlichen Stimme;
Setzte sich aufrecht hin und zog das weiche Gewand an,
Hängte sodann um die Schulter das Schwert voll silberner Buckeln,
Wandelte dann zu den Schiffen der erzumschienten Achäer.
Eos aber die Göttin erstieg den hohen Olympos,
Zeus und den anderen Göttern das Tageslicht zu verkünden.“

Ehe ich dieser altbekannten Thatsache, die Jedermann fast täglich neu bei sich zu erproben vermag, ihren wichtigen Platz in der Lehre vom Traum anweise, muss ich den Bericht über eine Untersuchung betreffend die Festigkeit des Schlafes vorausschicken[2]). Es diente dazu ein Pendel, das in der Form eines Hammers unter einem beliebig zu wählenden Winkel auf eine tönende Platte schlägt. Je höher man den Hammer hebt, um ihn niederfallen zu lassen, um so kräftiger der bewirkte Ton. Die Construction des Instrumentes rührt von Fechner her. „Die Versuche wurden in der Weise angestellt — so berichtet der Experimentator —, dass das Schallpendel auf einem Tisch neben dem Schlafenden feststand; ich blieb mit der Lampe, deren Licht direct auf das Gesicht des Schlafenden zu fallen gehindert war, daneben. In gewissen Epochen liess ich den möglichst geräuschlos erhobenen Pendelhammer aus einer Höhe herabfallen, von der ich annahm, dass sie noch ausreichen

1) Ilias. II. 41.

2) E. Kohlschütter, Messungen der Festigkeit des Schlafes. Zeitschr. f. rat. Med. XVII. 209 (1863).

werde, den Schläfer zu wecken, und fuhr nun so mit immer höhern Erhebungen, jede einzelne in Pausen von 1" sechsmal wiederholend, fort, bis ich ein Zeichen des Erwachens am Schläfer bemerkte. Nun wurde die Entfernung des am nächsten liegenden freien Ohres von dem Punkt der Schieferplatte, wo der Hammer aufschlägt, gemessen, und der Versuch alle halben, ganzen Stunden, je nachdem, wiederholt." Die notirten halben Stunden der Nacht bilden nun die Achse einer Curve, die jedesmal nöthige Höhe des Hammers deren Ordinaten. Wir erfahren aus dieser Curve und den beigegebenen Erklärungen, nach einer Reihe sorgfältig angestellter Versuche folgendes:

Die Festigkeit des Schlafes ändert sich stetig mit der seit dem Einschlafen verflossenen Zeit nach einem unter verschiedenen Umständen gleichen Gesetz; derart, dass der Schlaf anfangs rasch, dann langsamer sich vertieft, innerhalb der ersten Stunde seine grösste Tiefe erreicht, von da an anfangs rasch, dann langsamer und langsamer sich verflacht und mehrere Stunden vor dem Erwachen merklich unverändert eine sehr geringe Festigkeit behält.

Verschiedene Einwände gegen die absolute Sicherheit dieses Resultates sind denkbar. Der Autor hebt dieselben hervor und entkräftigt sie, soweit möglich. Eine Hauptgewähr für die Richtigkeit der Curve und ihrer Deutung erblicke ich in dem Uebereinstimmen mit der täglichen Erfahrung. Ziemlich jäh schläft der normale Mensch, wenn er müde ist, am Abend ein. Bis Mitternacht etwa ist sein Schlaf am festesten — wen der Beruf nächtlicher Weile hier und da zum Wachwerden zwingt, der wird das zu bestätigen in der Lage sein —; gegen den heranziehenden Morgen hin beginnt das Verflachen, um sich allmählich dem bewussten Denken zu nähern und mit ihm fast parallel zu laufen. Das Krähen eines Hahnes, das Rollen eines Wagens, das Läuten einer frühen Glocke genügt als Reiz auf das dem Aufthauen entgegengehende Hirn, um die gewohnten Functionen in Gang zu setzen. Die erste pflegt das Oeffnen der Augen zu sein. Reizend dringen die Lichtwellen auf seine Nerven. Schliessen wir die Augen mit Absicht wieder, so gelingt es oft, noch weitere Zeit in leiser Erstarrung zu vollbringen. Bleiben sie offen, so ist der vom Licht erzeugte Reiz stärker als die noch vorhandene, ablaufende Trägheit der Gehirnsubstanz. Der Schlaf, und was ihn bunt durchwob, hat ein Ende.

Hier in der letzten langgedehnten Schlafperiode haben wir die eigentliche Domäne der Traumes. Der Mensch träumt zwar auch ganz zu Anfang, beim Einschlafen, aber in der Regel sind diese Träume kurz, gerade so, wie es der schlafwache Zustand gemäss der Erfahrung und den Kohlschütter'schen Versuchen ist. Dauert das Einschlafen bei dem einen und andern Menschen längere Zeit, so pflegen auch die Träume in diesen Abschnitt der Gehirnruhe sich zu drängen. Ausgedehnt, gleichsam erzählend spinnen sich die Träume fort oder reihen sich an einander, welche der Schlaf des frühen Morgens uns bringt. Immer mehr reicht die Festigkeit des Schlafes an die Abscisse des Wachseins heran; immer häufiger werden die realen Eindrücke der Wirklichkeit, welche von draussen her an unser Ohr dringen und in den Traum sich verflechten; hier und da blitzt die Erkenntniss in uns auf, dass was wir soeben schauen an äussern Gestaltungen und was wir empfinden an eigenen Gefühlen und Stimmungen nur Traum und Nebel sei, aber zurück fallen wir wieder in die freundliche, bittere oder auch gleichgiltige Täuschung, bis irgend ein Sinneseindruck die noch vorhandene gelinde Narkose der Hirnzellen überbietet und es nun Tag wird auch vor dem Auge unsers Bewusstseins. Naturgetreu sehen wir den Vorgang des Erwachens aus dem Morgentraum durch Goethe geschildert, da wo das Wirbeln der spanischen Trommel mit einemmal dem herrlichen Bilde ein Ende macht, welches den letzten Schlaf Egmont's verklärt.

So verhält es sich mit der Zeit unserer Träume. Ich glaube bei diesem Punkt wol kaum einem Widerspruch begegnen zu sollen. Weniger schon wird man mir zugestehen, was ich über die Form der allgemeinsten Traumbilder für richtig halte.

Abgerundet, vernünftig und voll hohen oder doch wahren Inhaltes erscheint dieselbe da, wo die Poesie sie uns vorführt; so beim eben citirten Egmont, oder in den Träumen eines Richard III. Aber wie auch sonst Poesie und Wirklichkeit weit von einander abstehen, so der dichterische Traum von dem des Alltagslebens. Unter zehn Träumen sind mindestens neun absurden Inhaltes. Wir koppeln in ihnen Personen und Dinge zusammen, welche nicht die geringsten Beziehungen zu einander haben. Schon im nächsten Augenblick, wie in einem Kaleidoskop, ist die Gruppirung eine andere geworden, wo möglich noch unsinniger und toller, als sie es schon vorher war; und so geht das wechselnde Spiel des unvollkommen schlafenden Gehirns weiter, bis wir erwachen, mit der Hand nach der Stirn greifen und uns fragen, ob wir in der That noch die Fähigkeit des vernünftigen Vorstellens und Denkens besitzen.

Auch diese Erkenntniss von dem unsinnigen und schnell veränderlichen Charakter der allermeisten Träume ist alt. Während noch in unsern Tagen sie zur Unterlage von Weltgeist und Unsterblichkeit gestempelt werden, liess vor mehr als 200 Jahren Shakespere seinen Mercutio sagen[1]):

„Ich rede
Von Träumen, Kindern eines müss'gen Hirns,
Von nichts als eitler Phantasie erzeugt,
Die aus so dünnem Stoff als Luft besteht
Und flücht'ger wechselt als der Wind."

Aber der gelinde Wahnsinn unserer Träume ist doch nur partiell, denn jedes einzelne Stück des Bildes ist vernünftig. Nichts schauen wir, was wir nicht im Leben schon geschaut hätten, Personen wie Sachen und die Beziehungen beider zu einander; nur die Verknüpfung pflegt eine unvollständige, sinnlose ja ganz thörichte zu sein. „Dem Traum fehlt, wie Hegel hervorhebt, aller objective verständige Zusammenhalt. Nicht wie im Gemälde der wachen Anschauung bestätigen sich gegenseitig und binden sich harmonievoll alle Glieder." So seine Worte. Es wäre leicht, irgend ein bizarres Beispiel aus jedes Einzelnen Erfahrung hier vorzuführen. Wer dessen noch bedürfen sollte, der möge demnächst den ersten besten Morgentraum gleich zu Papier bringen. Und gehört er zur Schaar jener Auserwählten, denen die Gottheit wie in der Bibel

1) Romeo und Julie. Act 1. Sc. 5.

vernünftige Offenbarungen im Traum zu Theil werden lässt, so wäre das Niederschreiben erst recht geboten; und nicht das allein, sondern auch das Leuchtenlassen dessen vor Andern, was so ganz ausnahmsweise der Traum an gesunder Vernunft ihm neues bescheerte.

Der ungeordnete Charakter des Träumens entspricht seiner Entstehung. Wir haben gesehen, dass Gehirngifte dasselbe wie auf Bestellung liefern. Jeder Arzt weiss, dass noch eine andere krankmachende Potenz als bevorzugter Traumbildner auftritt, es sind die Verdauungsstörungen. „Hypochondrische Winde, welche in den Eingeweiden toben" und eine verkehrte Richtung nehmen, brauchte Kant[1]) nicht erst scherzweise als Ursache von Erscheinungen anzuführen. Ueberfüllung des Magens und der Gedärme am Abend, besonders mit kräftigen und dabei schwer verdaulichen Speisen, verursacht schlechten Schlaf und schwere Träume bei einer grossen Anzahl von Menschen. Regelung der Diät oder zuweilen Darreichung verdauungsfördernder Arzneien macht dem ein Ende. Man kennt bis jetzt die Einzelvorgänge nicht, welche hier zwischen Darm und Gehirn stattfinden. Ungezwungen darf man sich aber vorstellen, dass oft schmerzhafte Zerrung der Darmnerven durch stark entwickelte Gase die nächtliche Ruhe des Bewusstseins unsanft aber doch nur unklar, nicht bis zum Erwecken schreitend, unterbricht und zusammenhangslose Bilder im Gedächtnisse auslöst. In andern Fällen jedoch entstehen diese Träume aus Magenanfüllung, ohne dass gerade Flatulenz oder eine sonstige Art der sensiblen Darmreizung zugegen wäre, und hier hat man sich vorläufig mit der Thatsache — auf die ich später noch zurückkommen muss — und vielleicht mit dem allgemeinen Begriffe des Nervenreflexes zu begnügen. Die erotischen Träume nach Aufnahme erregender Speisen und Getränke — der Eier, Trüffeln, bouquetreicher Weine, starkgewürzter Bowlen — weist auf den einfachen Sachverhalt hin, dass die Umspülung der Nervensubstanz mit gewissen Nähr- oder Genussstoffen in stärkerer Menge hinreicht, um den Gleichgewichtszustand des schlafenden Gehirns

1) Ausgabe von 1867. S. 356.

so zu stören, dass keine volle Ruhe aber auch keine geordnete Vorstellung zu Stande kommt, sondern nur die subjective Täuschung eines lebhaft glühenden Traumbildes. Ich weiss nicht, von wem das alte nüchterne Wort herrührt: „Träume kommen aus dem Magen". Jedenfalls hat sein Erfinder für eine gute Menge unserer Casuistik richtig beobachtet und richtig formulirt.

Alle Thatsachen, wie wir sehen, drängen dahin, den Traum als einen körperlichen, in allen Fällen unnützen, in vielen Fällen geradezu krankhaften Vorgang zu kennzeichnen, über welchem Weltseele und Unsterblichkeit so hoch erhaben stehen, wie der blaue Aether über einer unkrautbewachsenen Sandfläche in tiefster Niederung. Und dieser körperliche Vorgang wird in seinem genauern Mechanismus der naturwissenschaftlichen Betrachtung zugänglich, je mehr die Thatsachen sich häufen, welche uns den Bau und die Thätigkeit des Gehirns erschliessen.

Das Grosshirn des erwachsenen Menschen besteht wesentlich aus der braunen Rindenschicht und der weissen Markschicht. Mikroskopisch stellt jene ein Conglomerat von vielen Millionen eckiger Zellen dar, eingebettet in körnige Nervenmasse. Sie stehen durch Leitungsfäden vielfach und auf grössere Entfernung hin mit einander in Verbindung, derart, dass wahrscheinlich für keine Nervenwurzel eine Gegend der Hirnrinde existirt, mit der sie nicht in mittelbarer Weise als verbunden angenommen werden kann[1]). In der weissen Markschicht laufen all diese Leitungsfäden, die sog. Fibrae propriae oder Laminae arcuatae Arnoldi, zusammen und gehen von hier aus weiter nach allen Systemen des Körpers. Dorthin theilen sie die Anregungen der Gehirnrinde, des Sitzes der seelischen Thätigkeit, mit und von dorther leiten sie die äussern und eigenen körperlichen Eindrücke dem „Sitz der Seele" wieder zu.

Hitzig[2]) und Fritsch haben beim Hund, Ferrier danach

1) Vgl. u. A. Meynert, Der Bau der Grosshirnrinde und seine örtlichen Verschiedenheiten. Neuwied und Leipzig 1869. — Besser, im Arch. f. path. Anat. XXXVI. 134. 305. — Arndt, Arch. f. mikroskop. Anatomie. III. 441.

2) Untersuchungen über das Gehirn. Neue Folge. Im Arch. f. Anat.,

beim Affen dargethan, dass engbegrenzte ganz schwache elektrische Reizung der empfindungslosen Gehirnoberfläche an den verschiedensten Punkten sofort in den verschiedensten Muskelgruppen des Organismus Bewegungen auslöst. Die Muskeln des Rumpfes, der Vorder- und Hinterextremität, beider Extremitäten zusammen, der Augen, des Gesichts, — sie alle haben ihre „Centren“ dicht neben einander, an einer der vordern Hirnwindungen, und antworten mit Sicherheit auf deren Reizung. Und wie sie hier antworten, so verstummen sie, wenn hirsekorngrosse Stellen ausgeschaltet werden, was Nothnagel durch Einspritzung eines Tröpfchens der starrmachenden Chromsäure vermittels einer hohlen Nadel in die Gehirnrinde an besagter Stelle und Hitzig durch Auslöffeln zu Stande brachte. Das betreffende Glied ist danach nicht mehr zu geordneten, dem Willen unterworfenen Functionen befähigt. Das Muskelbewusstsein, d. h. jenes Vermögen, im Gehirn um den jedesmaligen Zustand eines Muskels oder besser einer Muskelgruppe zu wissen und auf abnorme Lagerung derselben u. s. w. zu reagiren, ist dem Thier abhanden gekommen. Reizung also bestimmter Stellen der Gehirnrinde setzt bestimmte Muskeln in Thätigkeit, Zerstörung dieser Stellen zerstört die Innervation, während — was wohl zu beachten ist — Reizung und Zerstörung anderer benachbarter Stellen ganz und gar keinen Einfluss auf diese Innervation ausübt.

Gleich einer Zerstörung aller „Centren“ wirkt nach Hitzig starkes Einathmenlassen von Aether. Jede Reaction der, ich wiederhole es, auch ohne den Aether empfindungslosen Hirnrinde auf den elektrischen Reiz ist aufgehoben. Grosse Dosen Morphium wirken ähnlich, jedoch viel weniger stark, wie ja auch der Morphiumschlaf beim Menschen weniger tief ist.

Weiter hat H. Munk in neuester Zeit diese Versuche gefördert[1]). Er legte ebenfalls durch Ausbohren eines kreisrunden, etwa groschengrossen Stückes der Hirnschale bei Hunden die Oberfläche der grossen Hemisphären blos und schnitt dann ober-

Physiol. u. wissenschaftl. Med. Berlin 1874. S. 392—441. — Hier auch die Literatur über das Frühere. — Goltz, Arch. f. Physiol. XIII. 43.

1) Zur Physiolog. d. Grosshirnrinde. Berl. klin. Wochenschr. 1877. S. 505.

flächliche Stückchen von etwa 15 mm Durchmesser und 2 mm Dicke aus ihr heraus. Es ergab, dass innerhalb einer gewissen Grenze nur motorische, innerhalb einer andern nur sensorielle Centren gelegen sind. Die Ausschneidungen hier haben nie, auch nicht spurweise, Bewegungsstörungen zur Folge. Dafür wird regelmässig Seelenblindheit erzeugt oder Seelentaubheit, je nach der speciellen Lage der Verstümmelung in diesem Bereich. Das Thier hat in ersterem Fall die Erinnerungsbilder der Gesichtsempfindungen, in letzterm die der Gehörsempfindungen eingebüsst. Wie in der frühesten Jugend musste es wieder sehen oder hören lernen. Zweimal glückte der Nachweis, dass bei Verlust aller andern Erinnerungsbilder der Gesichtsempfindung ein einzelnes solches erhalten geblieben: in dem einen Fall das Bild des Eimers, woraus der Hund zu trinken gewohnt war, in dem zweiten das der Handbewegung, auf welche er der Dressur gemäss die Pfote reichte. Die Beobachtung, dass die Seelenblindheit der Thiere sich innerhalb 4 — 6 Wochen verliert, hat den Forscher zu der Vorstellung geführt, es sei sowohl die Sehwie die Hörsphäre der Grosshirnrinde weit über den Hinterhaupts- oder Schläfenlappen ausgedehnt. Diesen Sphären strömten die Erinnerungsbilder zu, wie die Wahrnehmungen den Sinnesorganen, und würden von einem centralen Punkt aus in immer grösserm Umkreis deponirt. Dem entsprach das Experiment. Mit Hunden desselben Wurfes wurde so verfahren, dass am 4. — 6. Tage nach der Geburt einem Drittel das Auge und einem zweiten Drittel das Ohr theils ein- theils beiderseitig zerstört wurde, während die übrigen unversehrt blieben. Die meisten der verstümmelten Thiere entwickelten sich im Wachsthum ganz vortrefflich. Als nach Ablauf von 8 — 14 Wochen die gleich entwickelten unversehrten und verstümmelten Thiere getödtet wurden, lehrte die Section, dass wirklich bei den geblendeten der früher als Sehsphäre erkannte Gehirnlappen, bei den taubstummen der als Hörsphäre erkannte Lappen in der Ausbildung gegen die Norm zurückstand. Dafür waren compensatorisch umgekehrt diejenigen Lappen über die Norm entwickelt, welche bei den verstümmelten Thieren dem unversehrt gebliebenen Sinn angehörten.

Man wird mit Recht fragen, ob und wieweit solchen Thierversuchen eine Bedeutung für den doch sicherlich höher organisirten Menschen zukommen könne.

Wenn die Wissenschaft sie anstellt und sie verwerthet, so ist sie sich der Nothwendigkeit logischer Vorsicht wohl bewusst. Aber die Uebertragung aufgefundener Gesetze vom Thier auf den Menschen wird allgemein zugestanden, sobald die untersuchten Organe oder Flüssigkeiten dort und hier im Wesen eine Uebereinstimmung zeigen, und sobald Thatsachen, welche ausserhalb des Thierexperimentes liegen, seinen Schlüssen congruent sind.

Es kann Niemand bezweifeln, dass die Gehirnrinde unserer Säuger den nämlichen Zwecken ceteris paribus dient, wie die des Menschen, denn ihr makro- und mikroskopischer Bau zeigt die nämlichen Elemente und eine ähnliche Anordnung. Und was jene mit den Ergebnissen des Thierexperimentes congruente Thatsache am Menschen selbst angeht, so finden wir in neueren Studien über Gehirnerkrankungen einen Vorrath solcher, der zur Lösung psychologischer Fragen unsere ganze Beachtung verdient. Ich gehe hier nur auf einen Theil davon ein, es ist die Aphasie. Man versteht darunter den Zustand, in welchem der Gebrauch der Sprache ganz oder theilweise verloren ist, ohne dass geistige Benommenheit oder ein mechanisches Hinderniss in den äussern Sprachwerkzeugen oder Muskellähmung und Krampf oder eine Verletzung der nervösen Gebilde, welche die Articulation der einzelnen Laute vermitteln, vorliegt[1]).

Auf meiner Abtheilung des Feldlazareths von Nechanitz bei Königgrätz lag ein preussischer Füsilier, der einen Streifschuss am linken Scheitel erhalten hatte. Nachdem die Betäubung der ersten Tage vorüber war, blieb bei sonst vollem Bewusstsein der Verlust der Sprache zurück. Alle Wörter fehl-

1) Man vgl. Kussmaul, im Hdbch. d. spec. Path. u. Ther. Leipz. 1877. XII. — Anhang. — Finkelnburg, in den Berichten der Niederrhein. Ges. f. Natur u. Heilkunde. Bonn 1870. S. 67—78. — Die Auffindung und Deutung der Aphasie ist wesentlich ein Verdienst der französischen Medicin.

ten, für jedes Ding, das der Mann bezeichnete oder wollte, wurde das Wort „jatz“ ausgesprochen. Dieser Zustand dauerte mehrere Wochen. Nach und nach stellte sich das Vermögen der Wortbildung wieder her, und scheinbar genesen, wurde der Füsilier, welcher nur zu Anfang einige Tage das Bett gehütet hatte, bis nämlich die äussere Kopfwunde geheilt war, in seine Heimat entlassen. Hier ereilte ihn die Cholera. Er starb daran und bei der Section fand man — so habe ich mir berichten lassen — einen taubeneigrossen Abscess dicht unter einer der vordern Hirnwindungen linkerseits.

Die linke vordere Hälfte des Grosshirns und hier wieder mit Vorliebe die dritte Stirnwindung findet sich am häufigsten nach dem Tode lädirt, wenn während des Lebens die Aphasie vorhanden war. Lohmeyer hat 53 Fälle mit Section gesammelt[1]). In 50 davon beruhte sie auf einer Affection der linken Seite, in diesen 24 mal an der dritten Stirnwindung, 34 mal an ihr und ihren Nachbartheilen, 6 mal an letztern allein und nur wenigemal an andern mehr vor- oder rückwärts gelegenen Partien allein.

Eine Art Experimentum crucis auf die Theorie vom Entstehen der Aphasie nennt Kussmaul folgenden Fall[2]):

„Ein gesunder Mann stürzte mit dem Pferd. Er stand alsbald wieder auf, ergriff die Zügel und wollte sich in den Sattel schwingen, als zufällig ein Arzt hinzutrat und ihn untersuchte. Der gestürzte Reiter war unvermögend zu sprechen, machte sich aber durch Zeichen verständlich. Jede Lähmung anderer Art fehlte. Am Kopf eine kleine Wunde mit Knocheneindruck. Nachdem später der Tod durch eitrige Hirnhautentzündung erfolgt war, fand sich bei der Section ein abgetrennter Knochensplitter in der dritten linken Stirnwindung, die sammt der zweiten und der sog. Insel erweicht war. Im Schädel nichts als eine kreisrunde Lücke.“

Wichtig für unsere Betrachtung ist noch die sog. Erinnerungs-Aphasie, eine seelische Störung der Sprache, wobei nicht

---

1) Vgl. Kussmaul, S. 139.

2) A. a. O. S. 142.

alles, sondern nur eine bestimmte Gattung von Wörtern oder Buchstaben fehlte. Ich gebe hier nur einen Fall von vielen, die mir wohlverbürgt in der Literatur zu Gebote stehen:

Ein 40jähriger Knecht hatte nach einer schweren Kopfverletzung mit vierwöchentlicher Unbesinnlichkeit sein Sach- und Ortsgedächtniss wieder gewonnen, aber das Namengedächtniss fehlte. Nur Nennwörter fand er in seinem Register nicht mehr, während ihm die Zeitwörter zur Verfügung standen. Eine Scheere nannte er: das, womit man schneidet — ein Fenster: das, wodurch man sieht, wodurch es hell wird u. s. w. Gesänge und Gebete hatte er meist vergessen. Später besserte sich dieser Zustand wieder.

Kussmaul konnte in einem ähnlichen äusserst lehrreichen Fall (a. a. O. 166) die Section machen, und auch hier ergaben sich seichte Läsionen im vordern Theil der linken Grosshirnrinde. Die übrigen Theile des Organs waren gesund.

Wortblindheit und Worttaubheit nennt der genannte Autor die Form der Aphasie, worin die Kranken trotz unversehrten Gesichts oder Gehörs die gesehenen oder gehörten Wörter nicht zu percipiren im Stande sind, während sie sich durch Rede und Schrift ausdrücken können. Die Wörter werden nur als verworrenes Geräusch vernommen, obwohl das Gehör gut ist, und Vocale und Consonanten unterschieden und mühsam zusammengefügt werden können. Die Kranken erkennen einzelne Buchstaben und vermögen nicht, sie zu Wörtern zusammenzufügen; oder umgekehrt, sie lesen Wörter und können die einzelnen Buchstaben nicht lesen. Ein Kranker erkennt das Wort Goethe auf dem Titel eines Buches, nicht aber Schiller auf dem danebenstehenden. Auch hier haben wir es, wie einige Sectionsberichte uns melden, mit oberflächlichen Läsionen gewisser Stellen der Grosshirnrinde zu thun.

Soviel in den feinern Einzelheiten bei der Frage nach Entstehung der Aphasie auch noch zu thun ist, ein wissenschaftlicher Bericht darüber aus neuester Zeit war im Stande, dies als feststehend zu bezeichnen[1]):

Das ganze Gebiet der die Fossa Sylvii des Gehirns um-

1) Pelmann, Dir. d. Rhein. Prov.-Irrenanstalt zu Düsseldorf. Deutsche med. W. 1877. Nro. 31.

kreisenden Windung zusammen mit der Rinde der sogenannten Insel dient als Sprachcentrum, und zwar ist die 3. Stirnwindung das Centrum der Bewegungsvorstellungen, die 1. Schläfenwindung das Centrum für die Klangbilder, und die Fasern der Inselrinde bilden den vermittelnden psychischen Reflexbogen. Aphasie kann bedingt werden durch jede Unterbrechung dieser Bahnen, das klinische Bild wird aber je nach dem Abschnitt der Bahn, welcher durch die Unterbrechung getroffen ist, verschieden sein müssen.

Man sieht, die klinische Erfahrung lehrte uns schon lang dasselbe wie das moderne pathogenetische Experiment. Wer sich in der reichen Casuistik jener näher umsehen will, den verweise ich auf Kussmaul's Abhandlung. Alles führt uns zu der These hin, die schon vielfach ausgesprochen sich findet: Die concreten Einzelbegriffe und Einzelbewegungen unsers Empfindens, Denkens und Wollens sind an räumlich getrennte Elemente des Gehirns gebunden, welch' letztere jedoch durch das vorher (S. 35) erwähnte System von Fortsätzen und Fäden mit einander communiciren.

Unser Raumsinn ist zum Theil auf diese räumliche Trennung der percipirenden Endorgane im Gehirn zurückzuführen. Jedermann kennt das einfache Experiment: Man legt den Mittelfinger einer Hand mit seinen ersten Gelenken über den entsprechenden Zeigefinger, nimmt in den dadurch entstehenden kleinen Winkel eine auf der Tischplatte aufliegende Erbse u. dgl. und rollt sie in ganz kleinem Kreis umher. Täuschend in hohem Grade entsteht die Empfindung, als rollten wir zwei Erbsen, mit jedem der beiden Finger eine. Wol allgemein erklärt die heutige Physiologie den psychischen Eindruck so: die eine Erbse fühlen wir mit der innern Seite des Zeigefingers und der äusseren des Mittelfingers. Beide dort verlaufende centripetale Nerven bekommen den ganzen Eindruck der kleinen Kugel, beide leiten ihn zur Hirnrinde; hier aber liegen die Endstationen beider Nerven räumlich weit genug auseinander, um das nämliche Bild an zwei ganz verschiedenen Punkten zu schaffen, und darum lässt das Bewusstsein, so lange die Finger gekreuzt auf der Kugel ruhen, es sich nicht ausreden, es seien deren zwei vorhanden. Auch wenn man den Mittelfinger der linken Hand rechts an den Zeigefinger der rechten legt und nun die Kugel zwischen beiden reibt, gelingt die Täuschung, jedoch viel weniger gut wie vorher, denn der erfahrungsgemäss uns sehr klare und bedeutende Unterschied beider Hände corrigirt die Täuschung zu kräftig.

Was ich bisher über unser Thema und seine Grundlagen mittheilte, waren grösstentheils die greifbaren Früchte wissenschaftlicher Beobachtung und Forschung; was nun zunächst kommt, gehört vielfach der hypothetischen Schlussfolge an. Ich habe für sie jedoch geltend zu machen, dass sie von Thatsachen ausgeht und, soviel wie einstweilen möglich, nur mit concreten Begriffen weiter arbeitet.

Gesundes Wachsein, Traum und tiefer Schlaf sind drei Processe, welche an dem nämlichen Organ und einer aus dem andern ablaufen.

Im Wachsein verfügen wir, selbst wenn unser Denken auf einen einzigen Gegenstand concentrirt ist, über das ganze Gehirn. Wir arbeiten zwar nur mit den Zellen, welche den Erinnerungsbildern unsers Objectes entsprechen; die andern sind stumm, aber sie schlafen nicht, denn jeden Augenblick können wir sie ansprechen, gleich den Saiten eines Claviers, wenn keine Hemmung auf ihnen liegt. Von einem Gegenstand können wir zum andern eilen; überall finden wir die Brücken bereit, welche uns hinübertragen, durch alles hindurch, was wir wissen, was wir erlebten und was wir sind, ganz so, wie das offenstehende und in seinem Mechanismus ungehinderte Instrument die Schwingungen jeder Saite, das Anschlagen jeder Tonart, den harmonischen Wechsel jedes Accordes dem Kundigen gestattet.

Der Schlaf hemmt vorübergehend die specifische Thätigkeit der kleinen millionenfachen Denkorgane. Normale Ermüdungsstoffe, ferner Weingeist, Chloroform, Morphium, erzeugen gelinde Erstarrung in ihnen, und ebensowenig wie ermüdete Muskeln vermögen sie nun auf Reize rasch und sicher — wenn überhaupt — zu antworten. Ist diese Erstarrung allgemein, bleibt keine Zelle ausgeschlossen von dem Eindringen der schlafmachenden

Ursache, so deckt tiefe Nacht unsere Seele; kein noch so geringes Aufleuchten des Wissens um unser Ich gibt Kunde von ihrem Dasein. Auf allen Saiten lagert ein Dämpfer von solcher Mächtigkeit, dass kein gewöhnlicher Anschlag sie in Schwingung versetzt.

Dieser Zustand aber geht in den frühen Morgenstunden nur allmählich seinem Ende entgegen. Immer geringer werden die in dem Gehirneiweiss aufgehäuften Ermüdungsstoffe, immer mehr von ihnen wird weiter zerlegt oder von dem rastlos treibenden Blutstrom fortgespült. Da und dort leuchten schon einzelne Zellenhaufen wach geworden hervor, während ringsumher noch alles in Erstarrung ruht. Es tritt nun die isolirte Arbeit der Einzelgruppen vor unser umnebeltes Bewusstsein, und zu ihr fehlt die Controle anderer, der Association vorstehender Gehirntheile. Darum fügen die geschaffenen Bilder, welche meist den materiellen Eindrücken naheliegender Vergangenheit entsprechen, sich wild und regellos aneinander. Immer grösser wird die Zahl der freiwerdenden Gehirnzellen, immer geringer die Unvernunft des Traumes. Es verschwinden den Reizeindrücken des Tages gegenüber die letzten Erstarrungszustände da und dort, der Traum löst sich in Wachsein auf, die Controle der Erfahrung und die Möglichkeit logischer Verknüpfung zeigt uns das Absurde der eben noch geschauten Gruppirung von Personen und Dingen.

Umgekehrt ist der Gang beim Einschlafen. Die schlafmachenden Ursachen — denken wir dabei speciell an das Chloroform — wirken auf unser Gehirn allmählich ein. Nicht gleichmässig wird es von ihm durchtränkt. Jeder Mediciner weiss, dass keine gefärbte Flüssigkeit, welche er zu irgend einem wissenschaftlichen Zweck in ein Organ injicirt werden sieht, dieses anders als nach und nach, zuerst insel- und streifenförmig anfüllt. Immer enger und weniger zahlreich werden die Zwischenräume, bis am Ende der letzte Druck auf den Stempel der Spritze auch sie zum Verschwinden bringt. Es ist kein Grund vorhanden zu der Annahme, dass das von unserm Blut getragene Chloroform sich anders verhalten soll. Seine ersten von der Lunge aufgenommenen und weitergegebenen

Dünste erregen das Gehirn. Bald folgt der Anfang des Lähmens. Der grössere Theil der Gehirnoberfläche ist ausser Thätigkeit gesetzt. Elektroden hier oben angelegt würden keine Antwort an der Peripherie des Körpers mehr hervorrufen (vgl. oben S. 36). Aber vereinzelte Punkte und Inseln sind noch nicht so von dem Chloroform durchtränkt, dass sie schlafen. Im Gegentheil, nur erst angehaucht von ihm ist ihre Reproduction gesteigert, und uncontrolirt setzen sie ihre Erinnerungsbilder, wie weit dieselben auch auseinander liegen mögen, kaleidoskopisch zusammen. Das letzte von ihnen, der operirende Arzt, wird mit den Täuschungen verknüpft, welche der heftige Reiz durchschnittener Nerven durch isolirte Erregungen in der Hirnrinde wachruft (vgl. S. 43), bis dann die weitere Einathmung auch dieser isolirten Thätigkeit von Einzelgruppen ein Ende macht, und empfindungslos wie ein Todter der Operirte daliegt. Jede Schwingung in seiner Hirnrinde hat aufgehört, denn dort sitzt ein chemisch sicher wirkender Widerstand. Nur sitzt er nicht unzertrennlich fest, solange Herz und Athmung weiterarbeiten und wir seine Fülle nicht übertreiben. Das Chloroform braucht verhältnissmässig lange Zeit zum vollen Einschläfern, rasch aber ist es verflogen, meist so rasch, dass kein Traumgewebe sich in das Erwachen verflechten kann. Das Gehirn wird zu schnell aus dem tief schlafenden in den wachen Zustand übergeführt, als dass die Arbeit vereinzelter Zellengruppen sich geltend machte.

Ist es somit auf Grund der in den medicinischen Wissenschaften angesammelten Thatsachen heute möglich, die Umrisse des Werdens unserer Träume sich vorzustellen, so bleibt doch noch eine Fülle von Einzelheiten dem Verständniss selbst hypothetisch unerschlossen. Warum das Atropin die Erinnerungsbilder des Hässlichen und Grauenhaften, der indische Hanf die des Sinnlichschönen vorzugsweise anregt, warum und wie der Aether uns den Flug in die Unendlichkeit erlaubt, — zu der Erklärung solcher tiefgehenden Unterschiede hat die Forschung noch keinen Schlüssel geboten. Und der natürliche Traum stellt uns ähnliche Fragen. Warum träumen wir nicht immer die Gedächtnisseindrücke der letztverlebten Tage, sondern tauchen oft ein, ohne irgend erkennbares Motiv, in weit hinter uns liegende fast erloschene Vergangenheit? Warum empfängt im Traum das Bewusstsein so oft den Eindruck gleichgiltiger Erinnerungsbilder, während die Gehirnzellen da, wo sie die reizbarsten Aufzeichnungen des Erlebten in sich tragen, meist stumm und starr liegen, es sei denn, dass eine acute Auffrischung während des Wachens sie kurz vorher erregt hatte? Und endlich das Bewusstsein! Schon beim wachen Zustand ist es ein in weiter Leere vor uns liegendes Geheimniss, und das Unergründliche des Vorganges, wie wir unser Ich denken, wächst, wenn der grösste Theil des Gehirns in Erstarrung und Dunkel ruht, und nur vereinzelte Herde aus ihm hervorleuchten.

Manche Menschen schlafen mit dem grössern Theil des Gehirns so fest und wachen gleichzeitig mit einigen erregten Zellengruppen so energisch, dass die Traumvorstellung im Stande ist, Bewegungsreflexe gewohnter, wenn auch in ihrem Ziel meistens unsinniger Art auszulösen. Der Schlafwandelnde[1]) kann sich ankleiden — bekanntlich thun wir das auch im Wachsein sehr oft, während wir an ganz und gar andere Dinge denken — er kann Treppen steigen, zum Fenster sich hinauslehnen, kurz die mannigfachsten Verrichtungen thun, die er automatisch auch am Tage vollführt. Lady Macbeth macht die Bewegungen des Händewaschens, um den Blutgeruch davon zu entfernen[2]) . . . . „eine grosse Zerrüttung in der Natur, zu gleicher Zeit die Wohlthat des Schlafes zu geniessen und die Geschäfte des Wachens zu verrichten", klagt ihr Arzt. Also nur die Geschäfte des Wachens — so beschränkt sich der grosse Dichter abermals in seiner Anschauung über den Traum. Ich glaube, man darf ihm auch hier ruhig beipflichten. Was

1) Traumwandler und Nachtwandler nehme und gebrauche ich als damit gleichbedeutend Ich ziehe den obigen Ausdruck vor, weil der Schlaf immer vorhanden ist, die Traumerinnerung vielfach fehlt.

2) 5. Aufzug. 1. Scene.

über wunderbare Geistesoperationen Schlafwandelnder so vielfach erzählt wurde[1]), scheint mir in's Gebiet der unverbürgten Anekdote zu gehören. Ein mitternächtig geisterhaft im Hause umherwandelnder schlafender Mensch, der von einer geheimnissvoll dämonischen Kraft leise getrieben erscheint, ist wohl im Stande, das Gehirn seiner Beschauer und seiner Erzähler noch mehr aufzuregen, als es einige Winkel seines Gehirnes schon sind.

Im Schlafwandeln soll der Geist sich schärfen können zu Leistungen, deren er unfähig war im wachen Zustand. So erzählt Perty (nach Wallace, Vertheidigung des modernen Spiritualismus S. 110) von einem Studenten in Amsterdam, der drei Abende erfolglos an der Entdeckung eines Fehlers in einer schweren Rechnung gearbeitet hatte und am Morgen des vierten Tages die Lösung fertig und zwar nach einer neuen bessern Methode, die selbst seinem Professor unbekannt war, in seiner eigenen Handschrift vorfand. Nur während des tiefen Schlafes konnte die Lösung erfolgt sein, und doch hatte der wunderbare nächtliche Flug des Geistes keine andere Erinnerung hinterlassen. Und auch der Körper soll im Schlaf zu ausserordentlichen Leistungen befähigt werden können. Mit der Sicherheit einer Katze wandle der Mensch auf jähen Dächern umher[2]), schlüpfe meistens durch die Lucke wieder herein, aus welcher er kaum glaublich hinausgekrochen, selten nur auf dem Strassenpflaster sich den Schädel zerschmetternd, meist dann, wenn ein unbesonnener Zuschauer ihn beim Namen nenne. Und Schopenhauer, der vielbewunderte moderne Philosoph, erzählt uns in allem Ernst, der Schlafwandler klettere an den gefährlichsten Abgründen hin, auf den schmalsten Stegen, vollführe weite Sprünge, ohne sein Ziel zu verfehlen; und ein künstlich in magnetischen Schlaf versetzter Somnambule, wenn er hellsehend werde, sehe selbst das Entfernteste.[3]).

1) M. Perty, Die mystischen Erscheinungen in der menschlichen Natur. Leipzig und Heidelberg 1872. 2. Aufl. I. 141—152; und: Der jetzige Spiritualismus und verwandte Erfahrungen. Ein Supplement. 1877. S. 112. — „Ueber das Fernsehen im Traume“, daselbst II. 353.

2) Fischer, Der Somnambulismus. Basel 1839. S. 56—156.

3) Parerga und Paralipomena. I. Berlin 1851. S. 230.

Es wäre ungerechtfertigt, sagen zu wollen, ein Gehirn, dessen Energie in wenigen Punkten concentrirt zu sein scheint, könne unmöglich Leistungen von aussergewöhnlichem Charakter vorstehen. Dass eine solche nackte und runde Verneinung ganz wohl das Unrichtige treffen kann, beweist das Beispiel der französischen Gelehrten, welche 1790 nach Bekanntwerden des Meteoritenfalls von Barbotan (Landes) der Thatsache ihr *physiquement impossible* entgegenschleuderten, bis dann sehr bald durch weiteres Niederfallen dieser Himmelskörper der zünftige Machtspruch gründlich durchlöchert wurde. Aber vor die Nothwendigkeit eines solchen verneinenden Urtheils sind wir glücklicherweise nicht gestellt, sondern nur vor die Frage, welche Bürgschaft die bisherigen staunenerregenden Geschichten über Traumesleistungen an sich tragen.

Ich glaube nicht, dass irgend ein ernster Geschichtsforscher solche Mittheilungen ohne klassische Augenzeugen, solche Anekdoten aus fünfter und sechster Hand, solche Notizen aus der Feder ganz unbekannter Autoren zur Grundlage seiner Darstellung machen würde. Und ebenso wenig können wir es. Dazu kommt, dass in den Schriften, welche über das Schlaf- oder Traumwandeln Material liefern, fast ausnahmlos rechts und links davon der gesammte Spuk mystischer Weltanschauung, d. i. thierischer Magnetismus, Hellsehen, Lesen eines verschlossenen Briefes mit dem Bauch, Verkehr mit Geistern u. dgl. sich spreizt. — Sage mir, mit wem du umgehst, und ich sage dir, wer du bist, — das gilt wol hier in vollem Maasse. Und finden wir das Gewicht jener Erzählungen zu leicht schon allein wegen der luftigen Gesellschaft, aus der sie stammen, so wiegen nach der ungeschmückten und ungeschminkten Seite hin um so schwerer die paar Fälle, in denen eine nüchterne Controle sich ermöglichen liess. In ihnen wenigstens bleibt nicht viel Wunderbares übrig, wenn auch noch manches Unerklärte.

Zu solchem Unerklärten gehört der Trieb des Schlafwandlers, zu steigen. Die Mittheilungen davon ziehen sich durch die ganze Literatur des Gegenstandes hin. Ich erwähne als Pendant die sehr häufige und oft sehr eindrucksvolle Traumvorstellung des Fallens. Der wesentliche Unterschied beider

Zustände liegt darin, dass dort die motorische Maschine, welche der Mensch an sich trägt, zur reflectorischen unbewussten Thätigkeit gelangt, während hier das Gefühl, alle Stützpunkte verloren zu haben, nothwendig auch zu einem passiven Beharren in Angst und Bangigkeit führt, wenn wir den Raum fallend durchmessen. Das Wunderbare der dem Schlafwandler zukommenden Sicherheit hat Johannes Müller schon zergliedert[1]), indem er sagt, der Träumende führe seine Handlungen aus wie ein Kind, ohne das Bewusstsein der Gefahr und deshalb ohne Beben und ohne Schwindel. „Ueber eine geneigte Fläche hingehen ist nicht so schwierig, wenn man nur nicht weiss, dass sie hoch über der Erde liegt, und wir würden mit Leichtigkeit über manche Dächer gehen, wenn sie auf ebener Erde angebracht wären. Der Schlaf- oder Traumwandler associirt nur dasjenige, was mit dem beunruhigten Vorstellungskreis im Zusammenhang steht. Alle übrigen Vorstellungen sind für ihn nicht vorhanden. Er sieht und hört und wird dabei von allem seinem Verstellungskreis Fremdem nicht gestört, so lange er eben nicht erwacht.“ Tritt dies aus irgend einer Ursache ein, so hört der Schutz auf, welchen das Nichtkennen der Gefahr ihm bot, der tödtliche Sturz kann die unmittelbare Folge sein. Ob der Schlafwandler, welcher sich auf dem Strassenpflaster den Schädel zerschmetterte, durch plötzliches Erwachen dazu kam, oder ob er bei seinem Umhertasten durch Zufall an die verhängnissvolle Stelle gerieth, wird nur sehr selten festzustellen sein. Der relativ häufige Sturz aus dem Fenster weist auf die zweitgenannte Möglichkeit hin. Und Jemand, den die Heftigkeit

---

1) A. a. O. II. S 586. — Diese Erklärung finde ich nachträglich bereits in einem Buch S. 467 vom Jahre 1784 niedergelegt. Es hat zum Verfasser den Professor der Philosophie J. Ch. Hennings in Jena und führt den Titel: „Von den Träumen und Nachtwandlern“. Weimar 1784. 592 Seiten kl. 8. Der Abschnitt über den Traum fusst auf unklaren und theilweise rohen physiologischen Vorstellungen, entsprechend dem damaligen Stand der Biologie; der zweite jedoch über das Schlafwandeln bietet neben vielem erzählendem Material eine im Allgemeinen so klare und gesunde Kritik, dass man wünschen müsste, die Philosophen und Mediciner der Folgezeit hätten mehr Nutzen davon gezogen.

eines Traumes an's Fenster treibt, es öffnen und sich hinauslehnen lässt, bei dem dann zu seinem Unheil, von all' der durch Schopenhauer gepriesenen unfehlbaren Sicherheit nichts wahrzunehmen ist, dürfte wol kaum geeignet erscheinen, für diese mystische Geistesschärfung im Schlafwandeln einen Beleg zu liefern.

Genaue und zuverlässige Berichte über Schlafwandler sind im Ganzen selten. Ich finde unter andern einen solchen aus der Feder eines Breslauer Arztes, des Medicinalrathes Ebers[1]). Er betrifft seinen Pflegesohn, einen muntern, aufgeweckten Knaben, der zur Zeit der Beobachtung 11 Jahre alt war. Lautes Sprechen im Schlaf, Aufstehen zur Zeit des Vollmondes, zweckloses Umhergehen, automatisches Anfassen dieses oder jenes Gegenstandes, ruhiges Ausweichen vor absichtlich hingestellten Hindernissen, Oeffnen des Fensters und Hinausschauen, Unempfindlichkeit gegen vorgehaltenes Licht bei halbgeschlossenen Augen, ebenso gegen Anrufen, endlich freiwillige Rückkehr in das Bett und Mangel an Erinnerung des Traumwandelns, alles das ist klar und einfach beschrieben, aber es fehlt dem ganzen Verlauf jede Spur von Mystik. Der Nachtwandler verstand keine fremde Sprache, nahm aber aus dem Repositorium unter andern den Rousseau heraus, setzte sich hin und that, als läse er darin. Welch' prächtige Gelegenheit, das Erwachen höherer Geisteskraft im Traumwandeln zu constatiren, das plötzliche Verständniss einer fremden Zunge! Ebers aber macht dazu die Bemerkung, der Wandler habe beim Blättern in diesem Buch ebenso automatisch ausgesehen, wie bei jedem andern; er könne nicht glauben, dass er auch in einem deutschen irgend etwas gelesen habe. Als Ebers einmal, nachdem er ihn eine halbe Stunde hatte wandeln lassen, ihm mit der Reitpeitsche kräftig auf das Gesäss hieb, lief er schreiend in sein Bett; später scheint dann das Geräusch der Peitsche allein ausgereicht zu haben, das Aufstehen zu verhindern. Es wurden ferner wurmtreibende Mittel gegeben, worauf einige Würmer abgingen. Nach dieser Zeit kam kein Nachtwandeln mehr vor.

1) Casper's Wochenschr. f. d. ges. Heilkunde. 1838. S. 737 und 759.

Bei aller Klarheit, welche Ebers in diesem Fall beobachtend und experimentirend darthut, kann er doch nicht umhin, einen zweiten aus seiner „frühsten Jugend“ zu erzählen, wonach ein Institutsgenosse schlafwandelnd eine schwere Prüfungsarbeit anfertigte. So erzählte man sich wenigstens damals in der betreffenden Erziehungsanstalt.

Vom Jahre 1840 liegt ein genauer Bericht aus der Bonner medicinischen Klinik von Albers vor[1]). Es war diesmal ein Studiosus der Mathematik, dessen Vorfahren das Nachtwandeln auf ihn und zwei Brüder vererbt hatten. Während 6—7 Nächten wurde hier von mehreren Personen zugleich — der junge Mann war nur wegen dieses Zustandes in die Klinik aufgenommen worden — das Nachtwandeln angeschaut und geprüft. Die Bonner Klinik und speciell ihr Director, der vortreffliche Nasse, stand früher unter dem Einfluss Mesmer'scher und ähnlicher Ideen. Der Boden war also nicht unempfänglich für die Schöpfungen der gesteigerten Polaritäten, der freigewordenen Lebenskraft und ähnlicher naturphilosophischer Schrullen; aber der junge Mathematiker mit seinem Bewegungstraumdusel liess absolut nichts erkennen, was dem irgend Nahrung hätte bringen können. Man appellirte an seine Verstandessphäre ohne Erfolg. Eine Tabakspfeife, Schreibzeug und ein Buch werden gleich automatisch von ihm behandelt. „Er nahm eine Pfeife, konnte sie aber selbst nicht wohl anzünden, als man ihm dann geholfen, löschte sie bald aus, indem er nicht gehörig zog; er setzte sich zu Tisch und nahm einen Bogen, worauf seine Krankengeschichte beschrieben war, und schrieb einige gut geschriebene Buchstaben hin; ein Buch wurde dann zur Hand genommen, er schien zu lesen, indem er ungefähr zu der Zeit umblätterte, wo man eine Seite abgelesen haben kann; hörte aber nicht auf als man das Licht auslöschte und er sich in der Dunkelheit befand. Dann ging er zu einem der Anwesenden, berührte sein Haar, fasste ihn unter den Arm und nöthigte ihn zum Auf- und Abgehen“ u. s. w. Und in einer folgenden Nacht ging es ähnlich zu. Er stellte sich an den mit zwei Lichtern besetzten Tisch, nahm ein

1) Beobachtungen auf dem Gebiet der Pathologie. III. Bonn 1840. S. 59.—81.

Buch in die Hand und blätterte darin, schien zu lesen; das Auge wurde aber nicht bewegt, wie es beim Wachenden geschieht, sondern blieb halb offen und starr, auch hielt er das Buch in derselben Richtung, als man zehn Minuten die Lichter von dem Tisch entfernte, so dass es auf demselben dunkel war. In dieser Zeit fuhr Albers mit dem Finger gerade in des Kranken Auge; dies schloss sich erst, als die Hornhaut berührt wurde. Bald legte er das Buch hin, ging auf und ab, nahm Mappe und Hut, schloss die Thür auf und wollte offenbar zum Colleg gehen. Er ging bis an die verschlossene Hausthür, kehrte um, legte Mappe und Hut hin und ging wieder auf und ab. Jede Berührung machte ihn schaudern, der Puls war häufig und klein, und während des Zufühlens zitterte der Kranke. Beim Namen gerufen wachte er nicht auf, auch nicht als das direct ins Ohr geschah. Jetzt wurde er gerüttelt, er erwachte und im Augenblick des Aufwachens schlossen sich die Augen, der Kranke fiel rückwärts und musste gehalten werden. Er wusste nicht, wo er war, und wunderte sich, ausser Bett und in Gesellschaft der ihn beobachtenden Personen zu sein. Erinnerung des Vorgefallenen war nicht da. — Die 5. Beobachtung wurde von einem jungen Mediciner aufgenommen (a. a. O. 67). Da hätte er in der Finsterniss gelesen und gesagt, er glaube nicht an den Inhalt des Buches. Der beobachtende Studiosus deponirte diese Worte in dem Protokoll als Beweis für das Lesen ohne Licht. Jeder sonstige Beweis aber fehlt, und Albers selbst scheint auf jenen nicht viel Gewicht zu legen.

Der genannte Autor berichtet über einen zweiten Fall, den er in Behandlung hatte, ohne jedoch die Anfälle zu sehen. Es war ein Mädchen von 12 Jahren. Das Nachtwandeln verlor sich, nachdem arzneilich Verdauung und Blutbildung in Ordnung gebracht worden war.

Aus eigener Beobachtung kann ich über das Schlafwandeln dieses mittheilen:

K., ein stets gesunder Mann aus gesunder Familie, in der Regel mit vorzüglichem Schlaf begabt, litt während seiner Jünglings- und frühern Mannesjahre daran. In jener Zeit bewohnte ich jahrelang das nämliche Haus mit ihm, später war ich sein

Arzt. K. war von lebhaftem Tempérament. Seine gewöhnlichen Träume äusserten sich in Sprechen unzusammenhängender Worte und Aufsitzen im Bett. Dabei blieb es aber meistens. Eines Nachts, er mochte damals 17 Jahre zählen, stand er auf, machte Licht, kleidete sich an, raffte die Unterrichtsbücher des Gymnasiums, das er und ich besuchten, zusammen und stieg die Treppe hinab bis in den Hausflur. Hier vor einer grossen Uhr mit kräftigem Schlagwerk angekommen, blieb er stehen und leuchtete wie regelmässig im Winter des Morgens früh nach dem Zifferblatt. Der Zufall wollte, dass die Uhr in diesem Augenblick 12 schlug. Bei den letzten Schlägen war er so wach geworden, dass er das Unsinnige seiner Lage erkannte, und erschreckt über sich und die Geisterstunde eilte er zu mir, weckte mich und erzählte mir den Vorfall. So stand er, die Bücher unter dem linken Arm, die Studierlampe in der Hand, vor mir. Ich beruhigte ihn und er ging ruhig wieder zu Bett. Ob die Bücher die für den folgenden Tag richtigen waren, wurde nicht untersucht. K. hatte geträumt, es sei Morgens gegen 7 Uhr, und er müsse zur Schule gehen. Automatisch that er, was er fast täglich seit Sexta zu thun hatte, und erst die vollen Töne der Uhr weckten ihn auf.

Drastischer und mehr an die Kletterberichte des Nachtwandelns erinnernd war folgender Vorfall, der sich ereignete, als K. 32 Jahre alt und verheirathet war.

K. wird des Nachts gegen 2 Uhr wach, weil ihn die Kniee schmerzten. Das Zimmer war vom Mond genügend beleuchtet, um seine absonderliche Lage ihn erkennen zu lassen. Er kniete nämlich im Hemd auf dem 6 Fuss hohen Porzellanofen des Schlafzimmers und hielt sich mit beiden Händen krampfhaft an dessen Seitenrändern, die profilartig vorsprangen, fest. Durch Zuruf weckte er seine Frau, diese hielt den vor dem Ofen stehenden Stuhl und auf seine Lehne tretend stieg K. herab. K. war als guter Turner denselben Weg hinaufgestiegen. Den weissen Ofen hatte er offenbar für ein Object seines Traumes gehalten, von dem übrigens keine Erinnerung übrig blieb, und erst der Schmerz der nackten Kniee rief die festschlafenden Gehirnzellen zum Wachsein.

In seiner Jugend hatte K. einmal einen Arzt (Homöopathen) gegen seine Traumsucht consultirt und von ihm Streukügelchen erhalten, deren Erfolg Null war. Durch die Ofenexpedition trat die Nothwendigkeit, etwas zu thun, zwingend hervor. Eine genaue Anamnese führte mich auf zwei Ursachen der lebhaften Träume hin. K. sprach, rief und bewegte sich im Traum, wenn er am späten Abend mit Anstrengung sich geistiger Arbeit hingegeben hatte oder wenn er schwere Speisen genossen. Am Abend vor jener Nacht war beides geschehen, das letztere bei dem stets gesegneten Appetit des K. in kräftiger Weise. Anordnung und genaue Befolgung einer demgemäss eingerichteten Geistes- und Körperdiät machte allem Nachtwandeln und aufgeregten Träumen von da an ein Ende. Es gelang uns das besser als dem Arzt auf Schlosse Dunsinan, der da sagen musste: „Diese Krankheit geht über meine Heilkunst".

Der Fall war mir lehrreich aus mehrfachen Gründen. Was liess sich aus ihm nicht alles machen, wenn irgend eine erzählend aufgeregte Phantasie da nachgeholfen hätte! Aus dem Zusammenlegen der Schulbücher wäre leicht die Schaffung eines lateinischen Aufsatzes geworden, und aus der Ofenaffaire ein unerhörtes Klettern auf die First des Hauses. Sodann zeigte er, dass dem häufigen lebhaften Reden im Schlaf niemals ein nur halbwegs vernünftiger Sinn zu Grunde lag. Vergebens wurde von den Angehörigen K.'s öfters versucht, einen solchen zu entdecken oder durch Fragestellung einzuleiten, aber nichts als zusammenhangsloses Zeug kam zu Tage. Und ferner ist von Interesse die Thatsache, dass zu starke Arbeit des Gehirns wie des Darmkanals nach der nämlichen Richtung reizend wirkten. Was aber bleibt Mystisches an einem Vorgang, der gleich dem stillen Traum durch die Einwirkung ungeeigneter Speisen herbeigeführt werden kann? Unerklärtes in Bezug auf die so sehr auseinanderliegenden Ursachen und auf den Mechanismus seines Entstehens von den Darmnerven her bis zu denen des Sitzes aller geistigen Fähigkeiten trägt er ja genug an sich; aber das Geisterhafte verschwindet an ihm, sobald wir ihn in ruhiger Beobachtung zergliedern, ganz so wie die Spukgestalten verschwinden, denen wir entschlossen und ohne Erregung auf den Leib rücken.

Wäre es noch nöthig, die vielgehörte Fabel zu widerlegen, dass die Handlungen des Traumes meistens vernünftig seien, so könnte man an einen solchen erinnern, welcher sich im August 1877 in Wien ereignete [1]): Ein gesunder Mann träumt, er werde von einem Strolch überfallen, springt aus dem Bett, öffnet das Fenster und stürzt sich in den Hofraum, einen schweren Knochenbruch erleidend. Dabei wird von dem Referenten in Erinnerung gebracht, dass einige Jahre vorher ebendaselbst ein „Justizwachmann" jäh aus dem Schlaf aufsprang, das geladene Gewehr von der Wand herunterriss, auf seinen Corporal anlegte und diesem die Kugel in's Herz schoss; alles im Traum von der Nothwendigkeit einer Vertheidigung.

Wie nahe mögen wol die beiden Unglücklichen dem Weltinnersten (s. S. 12) gestanden haben? Welches „höhere Reich der Geister" schwebte über ihnen und trieb sie zur unseligen That?

Mondsüchtig hat man die Schlafwandler vielfach genannt, ausgehend von dem Glauben, wie auf die Bewegungen des Meeres so übe unser Trabant auch auf die der Säfte und der Nervenströme des menschlichen Organismus seinen bestimmenden Einfluss; und der Schlafwandler mit den angeblich bis zur höchsten Feinheit gesteigerten Polaritäten reagire am empfindlichsten auf ihn. Die gut beobachteten Thatsachen bieten jedoch auch für diese Legende keinen Anhalt dar. Alle Körperfunctionen verlaufen, soweit heute unsere Kenntniss reicht, unabhängig von dem Licht und von den Phasen der ausgebrannten Erdschlacke. Nur an einer Stelle stimmt das Kommen und Gehen einer Function mit der Umlaufszeit des Mondes überein, aber ganz und gar nicht mit seiner eigenen Lichtentwicklung; und das zwingt uns, jenes Uebereinstimmen als ein zufälliges anzusehen. Und die „Mondsüchtigen" wandeln, ob er scheint oder nicht, ob er zu- oder abnimmt. Dass die Richtung ihres Traumwandelns beeinflusst werden kann durch die Strahlen,

---

1) Wiener Fremdenblatt vom 13. oder 14. August.

welche er in das halbverschleierte Auge wirft, ist wohl erklärlich; aber dieser Einfluss, wie er möglicherweise in dem von mir mitgetheilten Falle sich geltend machte, steht erst in zweiter Linie.

„Ungehindert fliesst der Kreis innerer Harmonien, und eingehüllt in gefälligen Wahnsinn versinken wir und hören auf zu sein", das ist der Traum, wenn die Poesie ihn verkläret[1]). Zur „ganz eigenthümlichen Function unsers Gehirns und durchaus verschieden von der blossen Einbildungskraft und ihrer Rumination, specifisch verschieden von Gedankenspiel und Phantasiebildern" verwandt mit animalischem Magnetismus und Hellsehen — so gestaltet sich der Traum in dem anspruchsvollen speculativen Geplauder eines modernen Philosophen[2]); und wer nicht daran glaubt, der beweist „Mangel an Besinnung oder an Redlichkeit", besitzt den „Skepticismus der Ignoranz" und ist „unwissend". Zur Einbildungskraft ungeordneter und verstümmelter Art, zum Aufleuchten zusammenhangsloser Erinnerungsbilder an räumlich verschiedenen Stellen der einschlafenden oder morgendämmernden Gehirnrinde, oder gar zur geistigen Störung[3]) wie in den Irrenhäusern wird der Traum, wenn die ärztliche Beobachtung und das biologische Experiment sein sagenhaftes Gebiet betreten. Er ist die Schwelle des Schattenreiches, welches nach Kant[4]) das Paradies der Phantasten ist. Aller Schwindel des magnetischen Schlafes[5]), des Hellsehens, der Geisterbeschwörungen mit schlafendem Medium, der Ekstase und Stigmatisirung ist auf ihm gewachsen oder lehnt sich an sein geheimnissvolles Entstehen und an seine

1) Goethe's Egmont. 5. Act. Letzte Scene.

2) Schopenhauer, Versuch über Geistersehn und was damit zusammenhängt. In Parerga und Paralipomena. Berlin 1851. I. 217—219.

3) Wundt, Physiologische Psychologie. 1874. S. 184, 188, 662. — Griesinger, Pathol. u. Therap. d. psych. Krankheiten. 1876. S. 108.

4) A. a. O. („Träume eines Geistersehers erläutert durch Träume der Metaphysik") S. 325.

5) Man vergl. hierüber u. A. G. Siegmunds „Erlebnisse auf dem Gebiet des Mesmerismus". Deutsche Jahrbücher für Politik und Literatur Berlin 1861. I. S. 90—119.

barocken Formen an. Naturwissenschaftliches Material zu sammeln für sein Verständniss bietet schon theoretisch eine Aufgabe von nicht gewöhnlichem Interesse; aber seine Eigenschaft, als erste Etappe zu dienen für eine Reihe geistiger Verirrungen, welche ohne Hemmung weiterschreitend uns unfehlbar wieder zum Verbrennen der Zauberer und Unholdinnen zurückführen würden, macht die nüchterne Darlegung seines von aller Mystik freien Charakters gerade in den Kämpfen unserer Tage vielleicht heilsam.

Ich höre darauf schon die Klage und den Vorwurf, abermals suche die materielle Forschungsmethode ein Stück idealen Gebietes rücksichtslos nur für sich zu annectiren. Diese Klage begleitet stets das Streben der Menschheit, wo immer möglich an die Stelle des metaphysischen sogenannten Erkennens die mechanische Einsicht zu setzen. Aber die Welt hat sich nicht schlecht dabei gestanden. Ueberall, wo diese Art des Erkennens gedieh, da gedieh auch die Herrschaft des Menschen über die Dinge, aus denen er besteht und welche ihn umgeben, und er selber wuchs an Gesundheit, Wohlfahrt und Gesittung. Für das philosophische, ideale Forschen aber und für Die, welche unter uns Sterblichen das Werkzeug zu solcher Arbeit in sich zu tragen und die Wege nach solchen Zielen geöffnet zu sehen glauben, bleibt ja leider unendlich viel übrig

---

Universitäts-Buchdruckerei von Carl Georgi in Bonn.